Focus

Focus

People, Probabilities, and Big Moves to Beat the Odds

STRATEGY BEYOND THE HOCKEY STICK

曲棍球桿效應

麥肯錫暢銷官方力作

企業戰勝困境的高勝算策略

賀睦廷 MARTIN HIRT｜斯文・斯密特 SVEN SMIT｜克里斯・布萊德利 CHRIS BRADLEY

—— **獻給** ——

Bini，Walter 和 Hildegund Hirt

Bibi，Jan-Ferdel 和 Ute Smit

Mel，Olivia，Alice 和 Harriet Bradley

—— **獻給** ——

麥肯錫公司的合夥人和同事，

是你們給予我們提升成功機率的機會。

目　錄

推薦序

解鎖企業成功的關鍵／章錦華（Albert G. Chang） 011

序　章

歡迎來到策略會議 015

策略會議的常見場景／當策略的人性面作祟／如何獲得外部視角？／

採取重大行動／未來的旅程

第1章

策略會議裡的賽局 029

目標是提案過關，獲得資源／可怕的曲棍球桿效應／我們能否接受真相？／

內部賽局／引進專家／不適合人腦解決的問題／偏見思維／

現在，該考慮人際因素問題了／當內部視角仍然氾濫成災

第2章

讓策略會議開一扇窗 057

優質策略的標準／企業在經濟利潤曲線上的狀態／我們從地圖上看到什麼／

你為什麼處於現在的位置／用外部視角獲取新觀點

第3章
夢想很豐滿，現實很骨感 081
「毛茸背」的出現／獲得批准／財務壓縮／
大膽預測／膽怯的計畫／公司的「抹花生醬」方法／
瞄準已知／真正的曲棍球桿效應

第4章
勝算有多大？ 103
可知的成功機率／向上移動的「航線」／三家公司的故事／
策略會議裡的機率哪去了？／爭取確定性／你的數字代表你／
那麼，我們現在處在什麼位置？

第5章
如何找到真正的曲棍球桿計畫 123
這次有何不同？／檢驗事實／
真正重要的機率：你自己的機率／10大槓桿／
優勢／趨勢／行動／全都很重要／變化量表／
了解機率／這就夠了？

第6章
不祥徵兆已現 149

完全不同的策略理念／網球還是羽毛球？／行業如自動手扶梯／
改變從事的行業，或改變行業本身／
也可以考慮改變地點／著眼微觀／
需要獨到見解／應對不祥徵兆／顛覆性趨勢的四個階段／
第一階段：發出訊號，但有噪音／
第二階段：讓變革站穩腳跟／
第三階段：轉型不可避免／最艱難的階段／
第四階段：適應新常態

第7章
採取正確行動 181

重大行動至關重要／康寧的故事／
系統化併購與撤資／積極的資源重組／
如欲重新配置，必先減少配置／強健的資本方案／資本支出須謹慎／
出色的生產力改進能力／跑得雖快，但毫無效果／差異化改進／
你是否拿競爭優勢當兒戲？／重大行動成就優質策略

第8章
化策略爲現實的8大轉變 215

轉變一：從年度計畫到決策成為一次探索歷程／
轉變二：從直接通過到確實討論備選方案／
轉變三：從「抹花生醬」方法到十中選一／
轉變四：從審核預算到採取重大行動／
轉變五：從預算慣性到流動性資源／
轉變六：從「堆沙袋」到坦然迎接風險／
轉變七：從「你的數字代表你」到全面業績觀／
轉變八：從長期計畫到果斷邁出第一步／一籃子方案

終　章
策略會議裡的新氣象 249

附錄 253

致謝 263

註釋 267

推薦序

解鎖企業成功的關鍵

章錦華（Albert G. Chang）

台灣正處在一個關鍵時刻，需要突破，也需要轉型。舉例來說，現在的大學畢業新鮮人起薪，經過通貨膨脹調整後，與四十年前相比其實差異並不大。這是一個非常嚴重且值得我們停下來想一想的問題，因為這將影響一個經濟體中所有人事物，包括就業機會、生活水準、購屋能力等。如果無法改善台灣企業的經營績效與提升台灣總體經濟之表現，那麼台灣的黃金年代，將會永遠停留在那段遙遠的過去。

數十年來，台灣企業在成本控制方面有著非常卓越的表現，這點後來也發展成台灣企業的核心能力，由於能夠運用相關技術把事情作得更好、更便宜且更快速，因此讓台灣企業在關鍵產業價值鏈上找到立足點，並蓬勃發展多年。但過去的成就並不能保證未來的成功，持續用同樣方式做事，是無法創造出相同結果的。這就像手中正在擰一條濕毛巾，隨著擰毛巾次數增加，擰出來的水就會越來越少，到最後完全擠不出一滴水。

在收入停滯不前及獲利成長率處於低點的情況下，台灣必須運用新的方法，才能開創新一波的黃金年代。為達到此目的，台灣必須進行數位轉型。因為能夠掌握數位力量的企業，也將能在營收、成本及品質上，實現過去根本無法達到的重大提升並大幅超前競爭對手。相反地，無法掌握數位力量的企業，終將被世界淘汰。數位轉型，是台灣當務之急。

而轉型的潛在回報也相當可觀。我們在台灣、在亞洲甚至在全世界，都觀察到一股數位轉型浪潮。企業因數位轉型而創造30%至40%以上的營收成長，營業利潤也獲得翻倍成果。部分企業股價，也在數位轉型的18個月期間內上揚超過80%。這也是麥肯錫在2018年選擇台灣作爲亞洲「數位中心」（Digital Hub）的原因。我們從區域內頂尖的商務中心當中，如新加坡、香港、東京、首爾及上海等，選中台灣。這是麥肯錫首次將台灣放在全球業務版圖的重要中心地位。台灣目前已是我們在亞洲的數位中心，而麥肯錫選擇台灣的理由之一，在於相信可在台灣找到最棒的數位人才。我們的願景是，希望透過向其他國家證明數位轉型確實能提高績效之後，台灣將能再次成爲亞洲其他國家以及全球的典範。

然而，我們又面臨什麼樣的挑戰呢？爲什麼企業要設定正確的策略方向這麼難？進行重大改變、扭轉企業的績效走向爲何如此不易，且大部分企業似乎總是只能摸索前進？本書《曲棍球桿效應》，正是一本能回答前述所有問題的作品。

全球企業領導人在經營時，不可避免地時常受人類偏見及社會動態所影響。而最常見的情景就出現在如有些人在策略提案時，信心滿滿地以「曲棍球桿曲線」（hockey stick curve）預測未來業績表現勢必將反彈上揚，以證明第一年赤字虧損的合理性，但通常情況是，那些大膽的預測最終都沒能實現。

《曲棍球桿效應》一書，針對超過2000家企業的實際案例進行研究，帶領讀者找出可創造卓越績效的眞正因素，解鎖有效促使企業成功的「重大行動」之關鍵與契機。所有想爲企業、員工與家人創造更美好未來的台灣企業經理人、執行長與企業負責人，一定能透過本書找到突破現實困境的藍圖。而要開創這樣的未來，則必須透過重大轉型才能達成，也必須重新定義工作及創新方式。如果沒有這樣的轉型與重新定義，台灣只能繼續走在收入與人民生活水準漸進變動甚至遲滯不變的老路。這也是本書對台灣以及對我來說，如此重要的原因。我來到台灣，主要是爲了協助台灣企業轉型，希望有助進行所有必要的改變，讓台灣再次站穩腳步，在全球數位創新經濟領域找到正確立足點，再次開創台灣的另一段黃金年代。這個過程並不容易。在穩固的策略基礎上進行數位轉型，需要花費數年時間才能完成。不過透過閱讀（並且更重要的，是應用）本書提出的觀點與洞見，絕對是一個最棒的起點。

（本文作者爲麥肯錫全球資深董事暨台灣分公司總經理，曾任台灣美國商會會長。他擁有哈佛大學法學博士及史丹佛大學學士學位。）

策略
會議

— 序章 —

歡迎來到策略會議

策略會議裡的個人偏見和人際因素，
往往造成公司應採行的重大措施，
無法排入議程討論，遑論付諸執行。
我們希望透過本書提供的來自數千家企業的數據資料，
能成為各位和「策略的人性面」直球對決的利器。

「難道沒有其他更優質的策略制定方法嗎？」我們常聽到這句話，你肯定也問過自己同樣問題，可能還不止一次。時間點也許是某次馬拉松式的策略會議之後——這種會議原本是爲了多方討論，但往往只是一場接一場的簡報；也許，是在面對一個前景未明的投資提案卻被迫投下贊成票之後；抑或是，爲了發展業務針對資源重新分配再次展開例行討論，卻又再次無疾而終之後。

數十年來，我們從與世界各地數百位傑出商業領袖的合作經驗中，得到一個體會：「肯定有其他方法。」

我們的書架上擺滿如何改善企業策略決策流程的書，這些書提供的思考架構和趣聞軼事，都號稱破解了成功策略的密碼[1]。

儘管這些書讀來頗有趣味，列舉的案例也很有啓發性，但始終少了一個突破點。多年來，多少有智之士持續不懈地努力，今天我們在策略上面臨的挑戰依然存在，且本質上的變化不大。

這本書和上述類型的書不同，既沒有羅列最佳實務作法，也沒有什麼發人深省的案例分享，我們只是進行廣泛而深入的實證研究。從大量研究工作中，彙整實際案例和專案實施過程中累積的經驗，過濾出幾個**可大幅提升策略成功機率的績效槓桿**。此外，我們還發現一個常被忽視的因素，這個因素爲負責策略規畫的人設下重重障礙，讓世世代代的商業領袖如墜迷霧，甚至導致諸多策略無法按計畫落實。這個常被忽略的因素，我們稱爲**策略規畫的人性面**（影響策略規畫的人際互動因素）。

我們希望透過本書，利用實證分析幫助商業領袖勾畫出一條路徑，徹底解決策略的人際因素，制定更爲積極、遠大、成功的發展策略。

策略會議的常見場景

在共同踏上這段穿越實證經驗和策略的人性面的旅程之前，我們先來看看策略會議常見的景象。你可能會覺得這些場景似曾相識，有各式書籍和文章都在闡述企業如何制定更好的策略與決策，如何取得更好的經營績效，但令人訝異的是這些不同場景都有一些共同特點。

先來看第一種場景：當策略決策流程開始時，整個團隊一致認為，今年應該避免發不完的文件和開不完的會，不再使用冗長的投影片和沒完沒了的附錄。執行長設法針對企業未來的前景展開實質性的對話，向大家溝通一些不得不做出的艱難抉擇。然後，就在第一次會議召開的前兩天，執行長的電子信箱收件匣依然收到三份冗長無比的檔案。實質性的對話就此胎死腹中。大家又開始埋頭研讀這些字斟句酌的簡報文件。但在這一過程中，絕大多數人恐怕還沒來得及理解、消化其中的內容，就已經疲累不堪了。

再來看第二種場景：在取得一系列平淡無奇的結果之後，你認為也許應該對公司策略再次進行深入思考。經營團隊同意調整方向，董事會也批准了。接著，財務長接管這件事，把這個願景編入第一年的預算。即將喪失資源的人開始採取保衛行動，其他反對變革的聲音也陸續出現的時候，大家當時的熱血和膽識就悄然消失了。不知為什麼，即使經過一番大膽的重新思考，剛編好的預算還是跟去年預算長得很像。一切又回到老路上。

第三種場景是什麼樣子？策略獲得一致認可。從字面上看一切都好，而且有很多後備計畫，準備充足。但不知為什麼，一旦深入進去看，所有人都感覺新的策略好像過於一廂情願，甚至有點過於照顧策略規畫者的自我意識了，也不太願意接受競爭殘酷的現實。公司裡那些比決策層級低兩三階、負責跟客戶打交道的人，往往未能真正參與策略決策流程，他們的想法是：管理層完全是閉門造車，自說自話。所謂的「新」策略到頭來不過是為一些沒有經濟效益的專案找理由，因為虧錢，這些專案被貼上「策略性任務」的標籤，但所有人都心知肚明，公司不會因為這些「策略性專案」而發生真正的改變。

即使你是執行長，有時候也會有這種感覺：由個人行為和人際因素引發的惰性不僅很難應對，還會阻礙你為公司做正確的事。最近，我們在澳洲的一個執行長客戶反思：「我很清楚公司該朝哪個方向加速前進，但問題是我還要帶著整個團隊一起前進。」

你或許擁有令人豔羨的職位，負責領導一家靈活的新創公司，或者一家規模堪比亞馬遜但依然能像成立第一天那樣高效運作的機構。倘若如此，恭喜！你或許會發現本書的一些實證經驗仍有參考之處，因爲它們展示了策略中的哪些層面有用、哪些沒用，但你正在做的事也應該持續下去。然而，如果你像我們經常接觸到的企業管理者一樣，一定可以體會我們討論的問題，並急於直探策略的人性面。即使身處一家像亞馬遜那樣的公司，你也可以透過本書分享的觀點來看待今後的是非得失。

當策略的人性面作祟

　　衆所周知，策略的決策流程不可避免地摻雜個人或制度上的偏見，而策略會議裡的集體因素往往也會讓結果產生偏差。我們對人際因素的思考通常僅止於此。曾幾何時，我們會認眞思考一下這些因素的影響，並採取適當的行動呢？通常情況下難道不是聳聳肩，然後繼續推進手頭的方案嗎？我們往往假裝策略決策流程不過是爲了解決一個分析性的問題，但內心卻深知，分析其實是最簡單的環節。

柯林斯，我留意到你心中對制度的偏見，
跟我想要的方向完全不同。

一般商業書籍或諮詢專案提供的思考架構和工具，對於構建思維模式、形成一些想法是有幫助，但是，光靠它們還是無法突破眞正的障礙，最終制定出優秀的策略。原因很簡單：策略的人性面遠遠壓制了智識層面的因素。彼得・杜拉克有句名言：「文化能把策略當早餐吃。[2]」這在策略會議裡展現得最爲明顯。怎麼會這樣呢？負責制定策略的人不都聰明絕頂且經驗豐富，樂於接受智力上的挑戰嗎？但在這個會議室裡，策略並非唯一的重點。工作，甚至事業，都在策略的影響範圍內。過度承諾或無法達成績效目標，都有可能導致工作不保或危及自己在公司裡的地位。這麼一來心態不免轉爲保守，以保住工作爲出發點的策略流程，自然也就無法爲公司帶來最好的結果。預算流程也是干擾因素之一，現在大家或許在討論一個爲期5年的發展策略，但大家都知道，眞正重要的是第一年的預算——這就難免會涉及一些「小心機」，例如多數主管都會努力確保來年的資源，同時盡可能推遲檢驗這些投資報酬率的時限，甚至推遲到大家都忘了最初訂下的承諾或目標，或者這些主管自己都已輪調到其他部門。畢竟，最成功的商業領袖也是人。

策略會議裡充滿許多相互衝突的待辦事項和人際心機，以至於你有時候甚至會好奇，一開始花那麼多時間和精力分析問題、準備簡報，到底有什麼意義。

以上所有因素最終會交互作用，呈現出所謂的**曲棍球桿效應**，在明年預算出現再熟悉不過的下降曲線後，信心滿滿地展示未來的成功。確實，如果要給策略決策流程找一個象徵圖示，肯定非曲棍球桿獨特的曲線莫屬。只要提到這個詞，那些看過我們研究的高階主管就會面帶苦笑地投來會心的一瞥。我們希望用這本書，破除曲棍球桿效應，解決策略中的人際因素問題，使企業能夠眞正採取果決的行動來提升經濟利益和股東價值。

如何獲得外部視角？

策略決策流程爲何如此容易陷入泥沼？我們三人針對這個題目花了五年多時間進行研究，對如何應對這些問題形成新的看法。我們擁有數十年爲世界各地的數百家公司提供諮詢服務的經驗，親見無數策略規畫的情境，在此基礎上，以我們的實地觀察展開這段旅程。但我們也決定開出自己的「藥方」：放棄常見的趣聞軼事，而是把實務經驗和那些跟公司績效有關的殘酷現實並列檢視。此外，爲補充說明我們的相關觀察，我們對全球幾千家規模最大的公司進行詳細的研究和分析。與僅僅透過採訪蒐集幾十個案例的傳統模式不同，這些都是大樣本的案例研究。

我們發現，多數策略會議都有資料不足的問題，且這些資料並非完全正確。乍聽之下也許很難相信，畢竟我們總在抱怨文件堆積如山、會開都開不完的問題。但這些資料檔案的視角往往過於狹隘，採用的都是**內部視角**，即資料來自所處產業的內部，觀點則源自內部團隊和策略會議裡主管們的自身經驗。③

如今，策略會議裡的各式文件雖然提供細節資訊，但卻缺乏可供預測的參考資料。有趣的是，你掌握的資訊越詳細，就越以爲自己了解情況；你的信心越強，得出錯誤結論的風險就越高。④隨著變革的到來，企業需要對策略進行重大調整時，這種內部視角就更成爲一個問題。在錯誤情境中形成的內部視角，會讓你陷入措手不及的艱難處境。

策略需要的不是越來越精確的內部視角，而是一種**外部視角**，也就是說把其他高階經理人及其策略會議裡成千上萬次的經驗導入你自己的策略會議，引導策略討論的方向。如果你的策略中具有客觀且具說服力的參考點，爲什麼非要以關鍵績效指標（KPI）爲基準呢？在評價策略的優劣時，爲什麼不用範圍更爲廣泛的對比資料作爲評估標準呢？

你或許會說，每種情況面臨的問題各有不同，對嗎？「其他公司的品牌、資源、競爭對手、客戶、面臨的挑戰和機會跟我們都不一樣。」更何況，其他企業也不會把自家所有資料都和外界分享，讓我們方便進行對比。是的，正因爲如此，迄今爲止尚未出現一個能夠分析策略成敗的綜合資料庫。**我們透過公開資訊查看數千家公司和影響經營績效的幾十個變因，找到一些易於管理的指標（總共10個），可解釋80%以上公司績效爲何上升或下降。**[5]我們將在本書分享這些資料，爲各位提供這種外部視角。我們還將告訴各位一種方法，在離開策略會議並開始執行自己的策略之前，了解策略是如何形成的。如果認爲還不夠有把握，可以回過頭來重新部署和規畫以提升成功率。在踏上一條代價高昂的道路，甚至可能因此走進另一條死胡同之前，就應該採取這些措施。我們會提供一種新的方法幫助各位重拾信心，制定出能改變企業發展方向的大膽策略，因爲現在各位大概知道策略獲得成功的機率，還可根據一套可驗證的公司績效標準予以調整。

在體育界，高爾夫球評可以判斷一名職業選手在特定距離內進洞的機率，因爲所有職業球員的進洞資料都經過彙整。美式足球的資料分析愛好者也可根據比分、比賽進行到第幾節、第一次進攻的次數、四分衛是誰等資訊，告訴你某支球隊獲勝的機率，因爲多年來的賽事資料都已經彙總起來了。如今，在企業策略方面也有了這一類型的資料。

這位先生被邀請來為我們提供「非常」外部的觀點。

採取重大行動

容我們先給大家一個預告：資料顯示，**很多公司都不夠大膽**——策略並不是爲了進行重大改革。最終結果往往只能實現漸進式的成長，讓企業與整個產業保持在同一水準。相信各位已經從自家公司看到類似現象：即使出現重大商機且有人提出突破性的想法，往往也會被大打折扣。有人覺得提出的想法風險不小，有人覺得和同行的做法太不一樣，還有人可能感覺自己被冷落了。更穩當的做法是提出一項跟去年稍有差異的計畫，整個企業平均分配資源，而不是看好某一個部門的爆發潛力而加碼投資。

最近，我們注意到有位執行長要求團隊制定較為積極的業務成長計畫。提交上來的計畫有很多地方令他頗為欣賞，但要支援所有計畫的話，資金不夠充裕，必須進行縮減。他不希望把過多資源分配給可望取得突破的部門，造成團隊中多數人心裡不舒服，於是他最終選擇將有限資源分配給整個企業。可想而知，結果是沒有一項計畫獲得足夠資金，自然也就無法取得眞正的業績突破。另一位執行長向他的團隊徵集大膽方案，有人建議藉由併購在美國發展新的服務帶動業務成長。這個想法也通過嚴格的盡職調查，但是後來他卻臨陣退縮了。還有一位執行長計畫跨越到5G移動通訊技術，借此在歐洲取得暫時的競爭優勢，但是後來他覺得董事會不太可能批准這個大膽的計畫，為了保護自己，他對該提案進行自我審查，而最終確定的計畫只不過是以往計畫的延伸。

我們的研究表明，要取得比競爭對手更長足的進步，最重要的是選

過去我一直不願承諾太多，所以我總能交出比承諾更好的表現。但如今，我只想躲起來。

擇正確的市場去參與競爭，並且使用我們發現的至少一部分槓桿工具，努力做出清晰明確的量化標準。好消息是，這些重大行動並不代表需要承擔更高的風險。事實上我們的資料表明，**不採取任何措施其實風險最大**。這聽起來似乎有點虛無縹緲，但在書中我們會拿出眾多數據資料和事實，來支持你的決策。

未來的旅程

我們希望現在就帶各位展開一趟穿越策略會議的旅程，最終讓各位對什麼是正確的重大行動有更深入的了解，同時理解策略的人性面，以便能切實地執行這些行動。我們確信，我們的分析都是前後吻合、環環相扣的，希望能幫助各位順利解決由策略的人性面引發的諸多問題，克服惰性，不要爲了尋求安全而滿足於小打小鬧的計畫。在這一過程中，資料（外部視角）發揮重要作用。

從很多方面來看，我們的分析都與行爲經濟學家的研究發現類似。這最早可追溯到一九五〇年代的心理學家赫伯特．賽門（Herbert Simon），但直到最近二十年才在丹尼爾．康納曼（Daniel Kahneman）的努力下發揚光大，最近獲得諾貝爾經濟學獎的理查．塞勒（Richard Thaler）也功不可沒。傳統經濟學家認爲，所有人都是理性的，在此基礎上形成很多看上去完美的曲線，這些曲線雖然易於理解，但卻很少能在現實世界中預測眞實的行爲。事實證明，人們不會把自己的生活視爲一系列效用曲線。行爲經濟學家闡述了人們的思考和行爲方式，和他們一樣，我們也已經學習過這些純理性方法，比如方形矩陣、最新的最佳實踐案例研究等，而這些方法卻很少能幫助我們在策略中取得突破。但是藉由實地觀察策略會議及世界各地的企業會議室裡的狀況，我們希望能夠獲得眞正可提升策略品質進而提高企業績效的外部視角。在與世界各地的眾多同行和同事進行一系列激烈討論之後，我們認爲是時候重新認識一下策略會議裡的情況了。根據實地觀察和分析，我們把策略討論從理論範疇抽離出來，融入實際行爲，然後展示相關資料，讓你能與團隊展開更有效的全新對話。

你有機會透過很多方法改善最終結果，如此一來就能：

- 提高策略會議裡的討論和策略提案的品質。
- 與團隊互動時採用與眾不同的、更重視協作且以學習爲導向的策略對話方式。
- 在策略會議裡體驗更爲眞實嚴謹、品質更高的挑戰。
- 制定更好的、更少偏見的策略決策，根據外部視角形成的經驗進行調整。
- 領導團隊時更有勇氣部署重大行動、承擔適當風險，並更積極地實施策略。

爲了幫助你應對策略中的人性面，我們首先會探討這個問題爲何如此難以駕馭。之後會展示一種新的追蹤方法，將整個公司方方面面的情況進行對比，而不僅僅是看你之前的績效或所在行業的水準。爲幫助各位提高成功的勝算，並能及時快馬加鞭，我們將深入解析如何思考**10個關鍵槓桿**（我們將其統稱爲你的**優勢**、**趨勢**和**行動**）。最後，我們會在本書結尾與你分享一些非常實用的建議——8項幫助你改變策略會議動態的思考。例如，我們會解釋如何才能把策略決策流程從斷斷續續的活動，變成連續推進的對話；如何避免把資源攤得太薄，並眞正將資源重新投入到潛力最大的計畫中；如何改變你的工作重心，不再一味設定預算目標，而是努力部署重大行動；如何不再「堆沙包」等。這些轉變都將讓策略決策流程更加有效，甚至爲你帶來全新活力。

那麼各位需要做什麼呢？只有兩件事：做好準備接受策略的人性面；在策略會議開一扇窗，讓有資料依據的外部視角參與到討論中來。做好這些準備，你將對自己的企業和領導團隊會有全新感受，你將有機會發展出更好的策略，也更有機會好好執行這些策略。總之，你將有更大的把握，出奇制勝。

我們將以超越去年的業績為目標，但不會採取任何新的行動。

第 1 章

策略會議裡的賽局

策略不適合由人腦來處理，

尤其是內部視角氾濫成災的時候。

很多公司在規畫策略之初，都會向員工發送一封如下方那樣的備忘錄。你不只見過，甚至還可能親筆寫過。爲此，你和同事會花好幾個月時間著手很多工作，運用複雜的工具，獲取大量資訊，使用可觀的資料。這封備忘錄本身非常簡單。

收件人：公司各部門主管
副本：公司全體員工
回覆：2018年策略決策流程

各位主管：
我們在2017年取得出色的成績，並以此為基礎展開2018年的策略周期，整個流程包含三大工作：

・3月完成市場分析
・5月列出關鍵問題
・6月制定完整的5年計畫

我們預計在8月與董事會討論總體計畫，屆時將會發布2019年的年度營運計畫。

我們已經把相關討論文件限縮在大約50頁，希望各位能針對每一部分提供一份10頁的摘要說明，以便就重要議題交換意見。

非常期待和大家溝通討論。

蘇珊・米勒，執行長

相關文件：
【市場分析】【關鍵問題】【完整的5年計畫】

備忘錄發出之後，再經過長達數月的工作，你通常會對市場現狀有了深刻的理解，並知道選擇怎麼做來應對此種現狀。於是，執行長帶頭展開一系列討論，規畫出某項策略並得到董事會的認可。之後，你開始做預算……但結果卻收效甚微。

這通常不會引發嚴重問題。你很少會遇到像柯達、百視達或諾基亞公司那樣攸關生死存亡的絕境，這些著名案例引起廣泛關注，一定程度上是因爲這種情況非常罕見。然而，即使某項策略如預期取得了所謂的「成功」，其帶來的效益往往也不明顯。①

這種策略很少能推動企業實現向正確方向的大幅改進，至少短期來看是如此。通常問題並非像是火箭在半空中脫離軌道，而是沒能給登月發射器提供充足燃料。你花了那麼多時間和精力，但過去一年究竟取得多少成績？

目標是提案過關，獲得資源

內部視角形成一個名副其實的培養皿。一旦發出策略備忘錄，各種各樣的功能紊亂便會隨之而來，於是便有了我們都曾目睹過的這般場景。

在進行策略討論前的那個周六，執行長收到一份需要事先閱讀的檔案，裡面是一份150頁的冗長文件，外加很多附錄。這位執行長知道，即將開始的這場討論不會有太多實質性內容。相反地，整個過程不過是某位主管精心策畫的一場表演，目的是爲讓自己的策略提案和資源申請獲得批准。

周一早晨，該場會議的專案報告人首先展望市場前景，並介紹當下的競爭格局。有人提出一個跟第5頁的內容有關的問題（我們認爲，報告人在被打斷前完全有機會講到第5頁，而這時以策略人性面展開的戰爭便開始了）。報告人的答覆可能是：「我們會在第42頁談到這個問題。」──當然，他很清楚到會議結束時恐怕都講不到第42頁（如果眞的有第42頁的話）。他也可能回答：「我們已經考慮過這個問題，有份完整的附錄專門闡述此事。」或者，「問得好！但我們暫時先不討論這個問題。」

我們應該都見過這種社交技巧吧？

通常來說，策略會議上的報告人根本不希望展開對話。反之，他們好像會盡可能迴避問題，他們會想辦法順利地講到最後一頁，然後希望這項計畫過關，讓資源申請獲得批准，甚至爲下一次升職鋪路。

如果把策略陳述的過程稍微加快一點，下面就該討論市場占比的具體表現，或者對優勢和劣勢進行分析。這項計畫有多大可能會顯示其市場占比反而會偏低，或處於下滑之中呢？如以SWOT②分析來看的話，會花多少篇幅來闡述劣勢？儘管我們知道，並非每一家公司都能在市場中獲勝，但這些分析看起來似乎都很有道理。如果一家公司奪取市場占比、獲得優勢，其他公司必然蒙受損失。報告人有多大可能得出這樣的結論：不值得對自己的業務展開進一步投資，公司應考慮重新將資源投向其他業務，削減規模甚至退出現有業務呢？在策略陳述中，從來沒有發生過此種情況，似乎所有人都是贏家，而且每次都是如此。

當然，執行長並非傀儡。他們早就見過這種把戲，很多執行長承認，他們自己也曾玩過這樣的把戲，在把自己的計畫提交給董事會之前，會淡化其中的風險因素。

即使那樣，報告人還是可透過內部視角操縱資料。舉例來說，對其業務部門進行陳述的報告人比在座所有人在知識方面都擁有明顯優勢。比如，以事後諸葛角度來看待過去的業績應該非常簡單——但實際上卻不能這樣。所以在策略會議裡展開討論時，通常都會出現一些歪曲事實的情況，但卻微妙得令人難以察覺。在定義市場占比時，報告人可以故意去掉其所在部門的業務表現疲軟地區或領域，還可把糟糕的業績表現歸咎於天氣、人員精簡、進軍新市場或當地政府監管政策變化等非常見因素。在對市場進行「總結」時，也可能遠離所有洞見——結果就是，人們相互討論的，只是「整個醫院所有病人的平均體溫」。③

可怕的曲棍球桿效應

這些內部賽局很快會把我們帶入曲棍球桿效應，也就是右頁圖1中那個表示策略人性面的圖。

曲棍球桿效應隨處可見。甚至可以說，「商業計畫書」就是曲棍球桿效應的專業術語——商業計畫書通常都寫得很完美。我們都見過這樣的圖，圖中的營收和利潤在幾年後直線上升：「這都需要最初一、兩年的投資，還得忍受一些虧損，然後才能開始突飛猛進。這會是一項了不起的業務專案。如果我們今天能取得一些額外資源，如果公司能跟我們一起度過幾年艱苦歲月，我們就能製造出一枚突破天際的火箭。」

很多人的親身經歷都表明，這些設想很少能眞正實現，但在申請極其重要的首年營運預算時，這的確是個好辦法。人們會闡述雄心勃勃的目標，宣稱他們需要大量資源，但內心卻很清楚，經過協商後他們需要的資源可以減半。正如一位執行長對我們所說的那樣：「在著手眞正重要的事情（年度營運計畫）之前，策略決策流程都是走個過場。」

圖1 **曲棍球桿效應**
是不是看起來很熟悉？

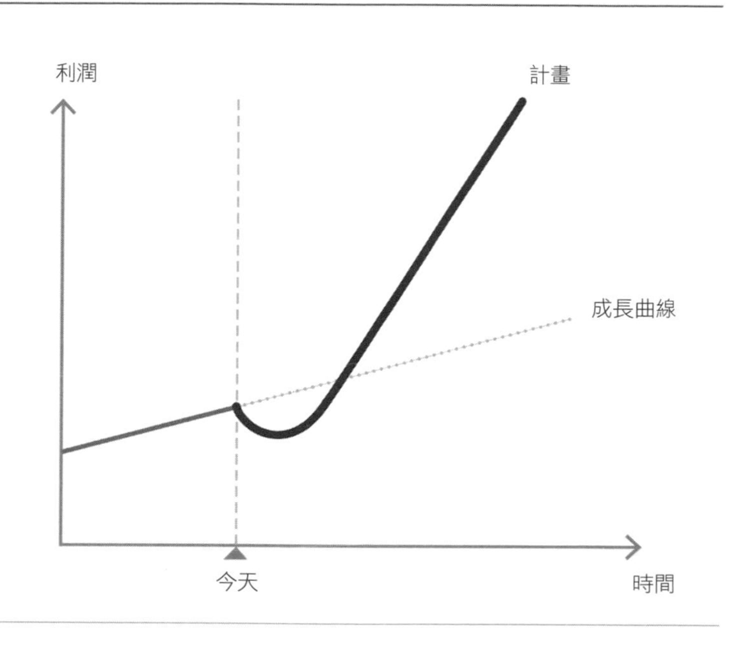

主管們都知道，事實上預測性的曲棍球桿效應往往會帶來更嚴重的後果。這種預測把清算日期向後推遲了。誰知道呢？也許計畫能完美實施；也許那位主管很走運，市場環境又很有利；也可能執行長以後會忘記當時的宏偉承諾，或者到時候又換了新的執行長；當年帶來曲棍球桿效應的主管可能也已經離職。無論如何，曲棍球桿效應都有助支撐當下論點，同時也是策略決策流程的關鍵所在第一要務就是獲得批准。

還有個原因迫使業務主管不得不利用曲棍球桿效應，因爲其他人都這麼做！儘管知道這種預測「不切實際」，但如果不這麼做，就表示對自己的業務缺乏信心。展示曲棍球桿效應就像一種儀式，所有人都要參與。

有的高階主管找到破解這些花招的方法。例如當傑克．威爾許（Jack Welch）擔任通用電氣執行長時，宣布旗下所有業務都必須成爲所在市場的第一名或第二名。但他發現，隨著時間推移，這些業務的負責人會重新定義自己的市場，透過這種方式來成爲市場第一或第二。後來，他要求所有業務負責人給出一個市場定義，而他們在其中的占比不能超過10%，藉由這種方式，終於在這場分母遊戲中實現新的突破。[4]

但在更普遍的情況下，策略的人性面會把策略討論變成某種形式的選美比賽，所有參與者都希望自己看上去很好，而他們呈現的資料也會經過精心篩選，從而給人留下良好印象。在麥肯錫的全球合夥人年會中，一位當時在拉斯維加斯經營某大型賭場的執行長受邀演講，他說：「每當我來到賭場見到總經理時，無論眞正的業績如何，他肯定都會告訴我一切順利。他總會發表令人印象深刻的演講，介紹其業務表現有多出色；如果虧損了，則會借機辯稱這都是爲實現以後更好的發展。（歎氣）我眞希望能有人走過來對我說（哪怕只有一次也行）：『先生，這裡的情況不太好，跟你說實話吧，我根本看不到出路在哪。我眞的不知道情況爲什麼會越來越糟，但我們正在努力，希望能扭轉頽勢。』」

我們能否接受眞相？

人們爲什麼並不像我們期待的那般坦誠？他們爲什麼都在追求政治正確？還記得電影《窈窕淑男》（*Tootsie*）嗎？達斯汀·霍夫曼（Dustin Hoffman）飾演的麥克和潔西卡·蘭芝（Jessica Lange）飾演的茱莉在片中有一段經典互動。麥克愛上茱莉，但卻不知該如何接近她。麥克男扮女裝成桃樂絲，還成了茱莉的閨蜜。茱莉向他抱怨接近她的男人總是一些花花公子，而她眞正喜歡的是誠實的男人。麥克以爲自己破解了愛情密碼，於是不再男扮女裝，而是向茱莉說出那些她希望從男人嘴裡聽到的話。結果，茱莉狠狠賞了他一巴掌，然後轉身離開。

我們或許以爲自己希望了解眞相，但說實話這未必是我們一直想要的。在電影《軍官與魔鬼》（*A Few Good Men*）裡，傑克·尼克遜（Jack Nicholson）飾演的傑瑟普上校曾說過：「你想知道眞相？你接受不了真相！」我們都明白，直率蘊含風險，所以你根本無法想像會有主管對執行長表示，他們的業務部門面臨麻煩，但卻根本不知原因何在。如果這樣做，這位主管要面臨的恐怕不是輕微的懲罰那麼簡單，而是很大的風險。

人們的自尊、職業、獎金、在組織中的地位、爲推動業務成長而獲得的資源——這一切，都在很大程度上取決於他們闡述策略以及對相應業務的預期時所顯示的信心。想想看，人們在約會網站上會把自己的資料塑造得多麼「成功」——無論照片還是介紹，都與現實差距極大，而這麼做的目的無非是希望獲得一個回音，避免陷入無人理睬的境地。

在企業中，我們也都見識過此類把戲。有的主管會在談判桌上大談願景和能力，索要更多額外資源。有的則「堆沙袋」[1]，避開有風險的行動，再三確保他們能夠完成目標。既然大家都在玩這套把戲，你我爲什麼偏要跳出來戳破呢？

內部賽局

即使董事會和投資人總在不停敦促企業進步，並且我們自己肯定也希望能夠如此，但很多時候，守住陣地本身就已經算是一項成就了。競爭很殘酷。想想看，當你們關起門來召開策略會議時，位於城市另一邊的競爭對手也在策略會議裡展開同樣的討論。雖然我們似乎都只是關注眼前的問題，但所有人也都在不約而同地加快速度試圖領先。

矽谷先驅比爾・喬伊（Bill Joy）說過：「無論你是誰，多數聰明人都在為別人工作。」[5]確實如此，競爭對手總是會不遺餘力地阻礙你的策略，或跟你爭奪相同機會。

但如果你與世界各地策略會議裡的絕大多數人一樣，那麼你就不太會關注其他策略會議裡的情況，以及競爭對手的好創意。你只會透過內部視角看問題，並且更深入地陷入內部遊戲難以自拔。策略會議非常封閉，於是內部視角得以盛行。會議裡的東西基本上都是與會者帶來的，通常包含大量的相關經驗，這都存在於一些主管的大腦和記憶中。也有很多資料和訊息，但通常都著眼於自己所在的公司、少數競爭對手以及所在的行業。很多資訊都被隔離在策略會議之外，裡面的氛圍很封閉，根本不與外界交流，人們完全是在閉門造車，自說自話。

策略也會受到約束，因為它們都是「自下而上」制定的，每個業務部門都會預測自己在未來幾年的表現。這些計畫都會融入公司的整體策略，很少會根據外部資料進行調整，從而了解類似成長計畫在類似情況下、類似業務中的歷史表現。

諾貝爾獎得主丹尼爾．康納曼在他的經典著作《快思慢想》中解釋了外部世界的現實，是如何消失並被內部視角取代的。內部視角引導人們以自身的經驗和資料推導各種事情，即便他們目前正在嘗試以往從未做過的事。康納曼表示，就連他自己，在為以色列教育部設計新的教學大綱和教材時，也不由地陷入這種偏見。[6]

基於在其他領域的經驗，團隊最初預計可在一年半到兩年半的時間內完成這一項目。但當康納曼了解到類似團隊在同類項目上的表現時，

---

❶：Sandbagging，指畏首畏尾，有所保留，不願承受風險。

他發現有40%的團隊根本沒有完成任務，就算是完成任務的團隊，最終也花費7～10年時間。好在他的團隊最終完成任務，但卻花了8年時間，是最初預計時間的3倍還要多。

冗長的策略決策流程也會滋生內部視角。有關認知偏見的研究表明，只要能蒐集更多資料，專家的信心就會增強——儘管資料增加或許並不會提升他們預測的精確度。[⑦]

過分自信也是一種自我強化，這會導致人們忽略相互矛盾的資訊，從而變得更加自信，以致更有可能忽略相互矛盾的資訊……隨著時間推移，試算表的內容越來越多，也越來越詳細，毫無根據的自信便隨之逐漸生根發芽。結果就是：我們知道得越多，處境就越危險。內部視角總是占據主導地位。我們說服自己相信今年制定了一項必勝計畫，但實際上，我們所做的事可能與以往並沒有多大差異。

看看經濟預測多麼精確，又有多大錯誤。美國政府每年發布4.5萬條經濟資訊，私營企業則發布400萬條資訊，而預測資料可能精確到小數點後好幾位。這些預測都很可靠，做預測的人都很聰明。然而，多數經濟學家都沒有預測到美國最近的三次經濟衰退（分別發生在1990年、2001年和2007年），甚至在衰退已經開始之後都沒有發現。美國2008年第四季最初預測的經濟成長率為－3.8%，但實際上卻是－9%。「沒有人發現蛛絲馬跡。預測商業周期是極其困難的事。」高盛首席經濟學家簡·哈祖斯（Jan Hatzius）說。[⑧]但我們仍樂此不疲，好像真的能預測到小數點後的一、二位一樣。

引進專家

沒錯，主管團隊有時會透過探索外部世界，來彌補自己的內部視角。他們比較喜歡的一種方式是引進專家。有外部專家參與的討論，通常會激發有趣且具煽動性的對話。對我們自己的全球策略會議進行的調查顯示，人們都很喜歡專家。我們邀請他們，以此吸引人們前來參加會議——但這樣的演講有多少能夠眞正影響策略？你或許可以洞悉某些相關趨勢，但具體該如何應對？察覺不利趨勢顯然比應對不利趨勢更加容易！

客戶經常會要求我們提供各種資訊，以了解曾經面臨同樣挑戰的其他行業。但相關討論最終多半只會得出一些自我安慰的結論，如「我們的行業不一樣」，或者「我們在這行做了一百年了，這傢伙現在竟然想來告訴我們該做些什麼」。我們經常聽到這樣的評論。[9]爲什麼會這樣？人們往往擔心得知可能表示自身可取得更好成績的歷史案例或標準，因爲這意味著目標要定得更高，但可能導致獎金減少。並非人們不想學習，他們通常樂意在私下會面時看到對業績潛力的解讀，只是不希望在更大規模的會議上進行討論，比如策略會議或董事會。

目前的策略決策流程面臨的各種困難對你來說算不上什麼新鮮事？歡迎加入！在接受我們調查的主管中，超過70%的人表示，他們不喜歡策略決策流程，還有70%的董事會成員不相信由此產生的結果。[10]

不適合人腦解決的問題

我們通常認為，如果能釐清問題所在，就能克服問題。我們都是聰明人，我們的頭腦和決心都是強大的工具。但僅僅了解各種社會問題是遠遠不夠的，原因有二：首先，**策略是由人制定的**。其次，**策略是由人們合作執行的**。

先看「由人制定」這個問題。

雖然從表面上看策略應該是一個純粹的智力問題，就像企業在下象棋，甚至可能是最優秀的從業者在三維空間展開角逐。但實際上，策略問題出現的頻率很低，而且具有很高的不確定性，是最不適合由人腦來處理的問題。

人們很容易形成許多顯而易見的、無意識的認知偏見──過分自信、錨定、損失厭惡、確認偏誤、歸因錯誤等。[11]在制定決策時，這些偏見會促使我們過濾掉很多資訊。

想像一下這樣的場景。我們的祖先正在非洲草原上漫步，突然他遇到一頭獅子，如果當時他思考的事情是雲朵、美景或者能否找到當天的食物，那麼他進入今天的人類基因庫的機率就會比較低。他考慮的這些事都很有趣，甚至也很重要，但在面對一頭獅子時，卻無益於保護自己的生命安全。面對恐懼壓縮的時間和現實，我們的祖先每次只會關注一件事。當遇到獅子時，這件事就是逃。

所以，我們的大腦中有很多潛伏在深層潛意識裡的捷徑（專業術語稱為「捷思法」〔heuristics〕）。在現代生活的日常決策上，這種思維方式同樣在起作用。我們都很擅長此事，甚至可說極擅長。想想看我們有多擅長開車就知道了，就連最遲鈍的人上路後也表現不錯。不，問題不在日常決策。在日常決策中，我們有無數練習機會，一旦犯錯也可立刻獲得回饋，雖然有的回饋可能令人痛苦。在這種情況下，我們的大腦已經進化到接近於運行某種自動駕駛系統，就像我們的祖先躲避獅子時那樣。

但當我們偶爾在高度不確定環境中被迫制定重大決策時，這些無意識的心理捷徑就會讓結果變得不如人意了。這正是我們在策略會議裡遇到的問題。

在這種情況下，即便經驗最豐富的主管也只具備有限經驗和模式識別能力。決策是在不確定的情況下制定的，而結果則有可能等到幾年後才能顯現出來。與此同時，人爲因素、市場因素、滯後因素和「噪音」等都會擾亂策略制定者預測結果的能力。實際發生的結果或許與策略本身的品質沒多大關係了。

想要改進策略決策，就好比透過盲打來提高高爾夫球技術，而且在三年內也無法知道球究竟有沒有進洞。

偏見思維

當考慮是否要在死後捐獻器官時，通常需要經過深思熟慮。但事實表明，像申請表的設計這類看似微不足道的事（選擇加入或選擇退出），都會造成天壤之別的結果。在丹麥，該計畫採用「選擇加入模式」，結果只有4%的人選擇捐獻器官；而在採用「選擇退出模式」的鄰國瑞典，卻有多達86%的人選擇死後捐獻器官。在採用「選擇加入模式」的荷蘭，儘管宣傳行銷上花費大量資金，但只有28%的人同意捐獻；採用「選擇退出模式」的鄰國比利時，同意捐獻者卻多達98%。在採用「選擇加入模式」的德國，這一比例爲12%；採用「選擇退出模式」的鄰國法國、奧地利、匈牙利和波蘭，同意捐獻者都超過99%。[12]

對於這一現象有個簡單解釋：在面對是否加入器官捐獻計畫這類複雜決策時，我們的思維往往會陷入停滯，無法做決定。無論表格採用選擇加入還是選擇退出模式，我們往往都會不做勾選。大腦的潛意識，比我們想像得更強大。

他受了槍傷，但幸運的是子彈打中他的器官捐贈卡。

以下是策略會議裡常見的一些偏見：

- **光環效應**。「去年6%的利潤成長證明我們持續投資數位業務是正確決策，而且面對惡劣的貿易環境，我們仍果斷緊縮開支。」──即便整個市場的利潤也實現6%的成長，但團隊還是會這樣給自己打氣。⑬
- **錨定**。「我們預計明年將實現8%成長。根據需求環境的不同，增減區間爲一個百分點。我們會透過進一步加強目前的專案來實現這一目標。」──這樣一來，8%就成了談判的起點，無論是否應該這樣。
- **確認偏誤**。「我們做了很多功課來分析這個專案將會成功的原因。」（但卻沒有分析可能無法成功的原因。）「聽說我們的頭號競爭對手也在探索這個機會。」（所以這肯定是個好想法。）祝你好運，但願你能及時終止那個專案。
- **冠軍心態**。「我們背後擁有強大團隊；我們之前也在類似的專案上成功過。你應該對我們再次取得成功有信心。」──轉移視線，讓人們不再聚焦專案項目本身的價值。⑭
- **損失厭惡**。「我們不想因追求突破天際的想法導致自己的底線面臨風險。很感謝大家爲替代策略和新的業務線付出這麼多努力，但我們還是認爲，風險超過收益。」──即便現有底線可能受到威脅。

如果你願意告訴我們你是誰，那麼你的預算目標將會更有討論空間。

把一群擁有共同經歷和目標的人聚在一起，他們通常會自說自話，談論的內容往往都是自己喜歡的——我們處在滋生這些偏見的溫床之中。例如有研究發現，80%的主管相信自家產品在競爭中脫穎而出，但只有8%的客戶認同這點。[15]

人們之所以會閱讀與自己擁有相同政治傾向的出版物，同樣是由於這種確認偏誤。人們可能會嘗試挑戰自我，但其實只有在自己的信念得到確認時才會眞正點頭。[16]

看法同樣可比現實發揮更重要的作用。例如對過去成就的尊重，可在很大程度上影響判斷。一位具有傳奇色彩的工程師獲得提拔，負責領導一家歐洲電信設備製造商的交換機業務，他為這項傳統核心業務提交的資源申請都如願獲得批准，結果導致該公司完全錯過向基於路由器的網路轉型的機會，並成爲收購目標。

策略決策流程往往還會存在「倖存者偏誤」。[17]我們聽不到來自

「失敗者的沉默墓地」的聲音，因爲我們只看到發生的事，看不到沒有發生的事。[18]我們閱讀所有偉大企業的成功案例，都對成功原因給出合理的事後解釋。人們大肆談論巴菲特，但事實上在巴菲特開始買進的同一年，與他做出相同決定但卻失敗的投資者有成千上萬，只是我們沒聽說而已。我們可以精確衡量現有客戶的行爲，但對於那些尙未爭取到的客戶，他們的沉默心聲又是怎樣的呢？我們的經驗主要是經由學習倖存者獲得的，從某種程度上來說，我們都是「倖存者」──我們的策略會議裡充滿偏見，它們都與尙未經歷重大失敗有關。

策略決策的整個流程，眞的很像在全世界最大的充滿嬉戲、偏見和曲解的動物園裡奔跑一樣。

現在，該考慮人際因素問題了

克服這些個人偏見已經非常困難了，但這還只是理解和解決策略人性面問題的一小步。沒錯，只要由人來制定策略，就難免存在偏見。隨後，當其他人參與進來的時候（審核者和執行者是兩批不同的人），就會出現代理人問題。[19]

不要誤解我們，我們很尊重這些參與策略決策流程的人士。他們通常都是企業裡最聰明、經驗最豐富的領導者。他們絕非動機不良、能力不足或兩者兼而有之──事實恰恰相反。他們爲了制定策略貢獻很多經驗、想法和精力，但與此同時也帶來偏見。

代理人問題，是由管理層和其他利害相關方的不協調導致的。管理者可能會謀求自身利益，而不僅僅是考慮企業及其利害相關方的利益。這裡列舉幾種比較突出的表現：

- **堆沙袋**。「我不會冒險行事。我只會同意一個確信能完成的計畫。我的聲譽正面臨風險，我不能冒險充當那個預算有誤的部門。」事實上，個人對待風險時的態度與整個企業往往非常不同。
- **目光短淺**。「不管怎樣，三年內就會有其他人來負責這個部門。我只需要在接下來的兩年盡一切可能爭取業績，拿到不錯的獎金，獲得下一次晉升機會，說不定也會被競爭對手挖走。」這位主管的動機，顯然與企業主並不一致。
- **我的方式或你的問題**。「我比執行長和董事會更了解這家公司和這個行業。他們必須相信我的話。如果我說很困難，那就是很困難。如果我申請的資源沒有獲得允准，那我就有無法完成計畫的藉口了。」由於負責執行的主管了解內情，執行長和董事會通常別無選擇，只能接受他們闡述的事實。
- **我的數字代表我**。「別人評價我的時候只看我的數字，而不會看我是如何行事的。我只要達到目標就夠了，不會在此基礎上額外付出太多。」上司無法直接觀察下屬努力的品質，其結果也會令人迷惑不解──這些糟糕的結果是雖敗猶榮嗎？那些出色的業績是來自偶然的運氣嗎？

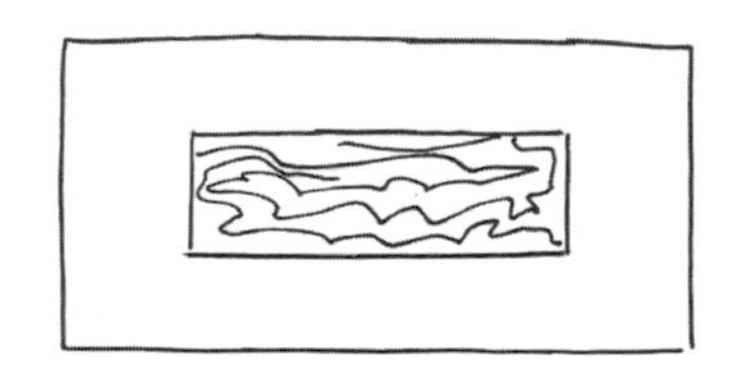

我不會特地避開數據，並陷入偏見和代理問題。反正有人幫我處理這些事情。

你希望手下的人都能齊心協力，但事實上他們的動機各有不同，掌握的資訊顯然也不對稱。雖然執行長會爲了企業的整體成功進行優化，但手下的人顯然更關心自己的業務部門，以及他們的下屬。他們如何能夠不這麼做呢？我們都知道，如果你的業務蒸蒸日上，就會獲得獎勵。多數人都不壞，他們只是逐步學會完美參與這場賽局。事實上，一個商業領袖的聲望很大程度上或許只是反映了對此種賽局的精通程度。根據歸因偏誤，你的數字代表你，所以無論採取什麼方法，數字最好還是漂亮一些。

也別忘了激勵措施。激勵措施不勝枚舉，而且遠遠不止財務手段那麼簡單。在主管或同事面前簡報可以讓人引以自豪。你的業績紀錄可增強自信心。你的團隊希望獲得庇護。查理·蒙格（Charlie Munger）和巴菲特曾說：「95%的行爲都是由個人或集體激勵促成的。」但後來他們又自我糾正道：「95%的比例不對，可能99%都是這樣。」[20]

策略攸關一個複雜賽局中的一系列複雜動機，絕不僅僅是設定一個讓大家集中精力去完成的目標那麼簡單，在這過程中，主管們會就明年預算進行談判，還會相互爭奪資源，授權給別人，維繫和強化之前的承諾，打動董事會，激發更多利害相關方的信心——這一切都要同時完成。他們知道，如果想實現10%的成長，規畫策略時就要宣稱將達到15%。並且，預算才是重頭戲，策略討論只是開場白。

在麥肯錫過去10年發布的報告中，有一份可能是最廣爲傳閱的，其中的內容表明，**那些快速向新的成長型業務重新分配資本的公司，比採用穩定模式的企業表現更好**。[21]然而，策略的人性面導致企業通常仍會採用所謂的**抹花生醬**方法──即使某些領域的機會顯著高於其他領域，但資源仍會平攤到整個公司。

由於所有人都在激烈爭奪資源，很難決定誰贏誰輸。選出贏家有時候比較容易，但對一項潛力較小的業務不管不顧，顯然也很難做到，尤其是在業務負責人爲公司效力很長時間，或者該業務曾經輝煌的時候。

無論具體的動機是什麼，主管都會發揮自身所有影響力來提升其業務的成功機率。我們見過各種各樣的做法。在一家全球頂尖的消費電子公司，曾有總裁申請資源時被拒，於是聯合董事會成員罷免執行長。附帶一提，那位叛亂者的結局並不好，他很快也被掃地出門了，那家公司後來也命運不濟。不過問題是：即使不願承認，但我們都是社會性動物，都會覬覦自己所在群體中的地位。從進化的角度來看，這是一個優秀特質，對於確定誰是叢林中體型最大的大猩猩（組織中出類拔萃的人）至關重要，但對制定優質策略而言，這卻是一大障礙。

當內部視角仍然氾濫成災

如果內部視角仍然沒有受到挑戰，導致人們對究竟會發生什麼形成錯誤的認識，那麼就最容易產生有缺陷的策略。相當多人在制定策略時，就好像這是他們個人的比賽一樣，幾乎完全忽視競爭對手也在制定策略這個事實。人們會用後續資金彌補前期的損失，這樣一來別人就不會發現之前的決策錯誤。策略會議裡的人都很自信，因爲他們把所能預見的所有風險都考慮在內了，但卻沒有意識到危險藏在那些他們沒有看到的地方。所以，出色的業績往往歸功於主理者，而糟糕的業績則被歸咎於市場環境。柯達公司未能適應數位影像趨勢，是策略失敗的一個經典案例。這個故事已經廣爲人知，所以我們不準備從頭到尾再講一遍，但還是要重點審視一下內部觀點在這其中發揮的作用。

我們曾經目睹柯達在數位影像業的早期優勢，該公司一位研究員在一九七〇年代中期發明數位相機中使用的感測器，公司早在一九九〇年代末就將一款消費型相機推向市場。是的，那款相機像磚頭一樣笨重，按照今天的標準來看畫質也有些粗糙，但在當時這已經足夠拉風了。以下照片，是本書一位作者1997年在前往澳洲蜜月旅行時所攜帶的唯一一台相機所拍攝的，效果還不錯吧。

柯達顯然搶占先機。[22]但當時參與柯達策略決策流程的人士事後表示，真正的問題在於，管理層從來都沒有突破內部視角的局限。底片、顯影劑和相片紙已經存在很長時間，管理層根本無法想像人們有朝一日將不再滿懷期待地蒐集紙質照片。更令人氣餒的是，傳統底片企業很長時間以來一直保持超過60%的毛利率，很難對這樣一項保持幾十年優異業績的業務主動開刀——尤其是在任何一家消費電子企業的利潤率都遠低於此的情況下。

很多人認爲，傳統底片企業會永遠存在，而這種觀念也從未在策略會議受到足夠挑戰，即使當時已經出現相當多反面證據，甚至包括柯達內部，在一九八〇年代初該公司曾經進行過一項研究。柯達管理層從來沒有對數位相機是否會成爲一項卓越的技術展開嚴肅討論。他們花了5億美元開發一款名爲Advantix的相機，它雖然採用全數位技術，但卻仍然使用底片，且能沖印相片，而相機的數位功能只是方便瀏覽照片，決定想要沖印哪幾張。該款相機在市場遭遇慘敗，用戶並不像柯達的策略制定者想像的那麼熱愛相片。如今，商業雜誌和文獻已經彙總一大批類似案例，它們都曾經是各自領域中不可一世的霸主，但因爲行業趨勢改變或商業模式而紛紛遭遇困境。比如電子零售商電路城（Circuit City）、西爾斯百貨（Sears）、消費電子製造商根德（Grundig）和電腦公司王安電腦（Wang），類似例子不勝枚舉。因此當下的策略制定者們更有可能去努力尋找外部視角並將其引入策略會議，然而內部賽局卻導致此種做法難以落實。對多數企業來說，在預測明年的預算時，最好的參照肯定是今年的預算，只要在此基礎上增加或減少一定的百分比即可。

策略決策流程往往促使高層承諾做出改變，但通常情況下，就像失敗的節食者或戒菸者一樣，這些流程並不會浮出水面，也不會追究之前拒絕變革時許下的其他承諾。一位執行長曾對我們說：「如果你想落實重要想法，就必須事無巨細。因爲組織表示同意，並不意味著你的想法眞的就能實現。」現在，爲企業帶來變革就像要移動一隻章魚，章魚的一根觸手下定決心抓住下一塊石頭，可是另外七根觸手卻仍然抓住原來的石頭不放。

單純改變思維方式遠遠不夠，策略的人性面不會這麼容易就消失不見。一位高爾夫球教練光是嘴上告訴你「別打右曲球」基本上沒什麼用，他還必須提供一些讓你能眞正解決問題的知識才行。因此，我們現在要展示那些可爲你提供外部視角的實證研究。

我們首先會爲你提供一種規畫競爭格局的新方法，然後再指出方向。一段特別的旅程即將開啓，請緊跟我們的步伐。

你在這裡。

第 2 章

讓策略會議
開一扇窗

根據幾千家公司的經濟利潤繪製的利潤曲線，

為我們提供新鮮的外部視角，

我們得以真正了解策略的全貌究竟是什麼樣子。

在哥倫布1492年發現新大陸之前，世界地圖繪製得非常詳細，但也存在很多錯誤。下方的「弗拉・毛羅地圖」（Fra Mauro map），就是一個典型例子。[①]

繪圖員們都很熟悉歐洲，所以繪製的歐洲大陸都很準確——位於中間偏右的位置（你得把地圖倒過來看，因爲那時的地圖是「上南下北」）。右邊中間位置的黑點裡有一小塊是西班牙，目光再往左移，穿過地中海，就會看到義大利南端，然後是希臘。

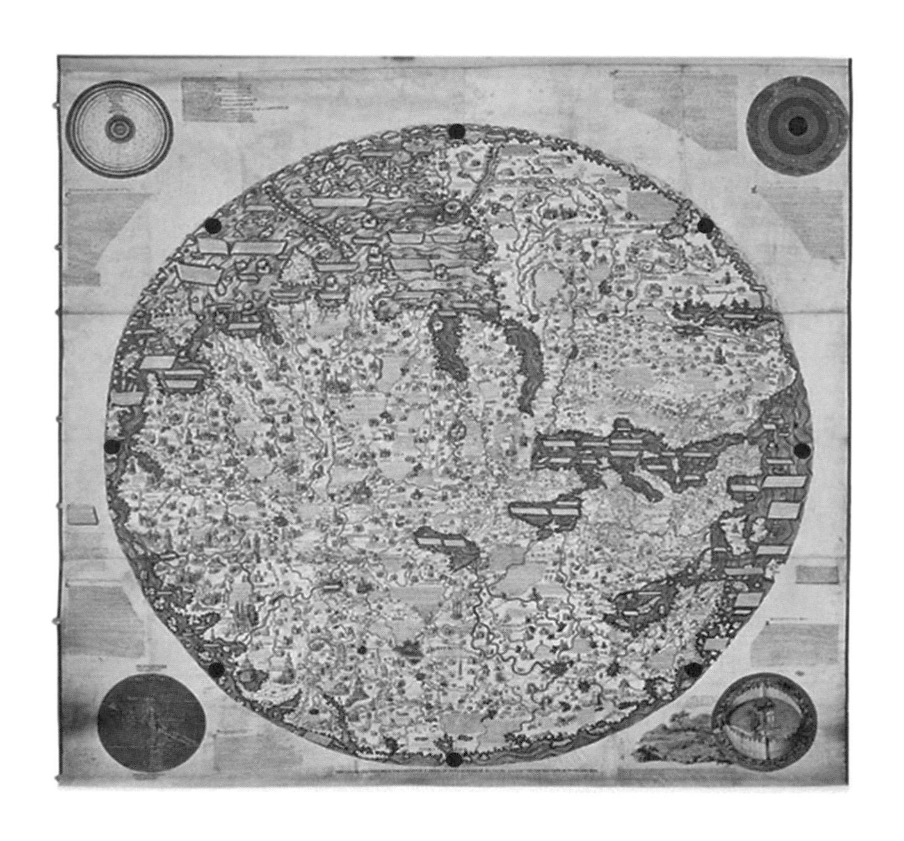

但當時的繪圖員還自信地畫上非洲和亞洲，儘管他們對那些未經勘察的海岸線知之甚少。意料之中的是，他們完全漏掉西半球。這張地圖完全沒有對附近他們所熟悉的地中海地區，和擠在地圖邊緣的那些傳說中的地方加以區分。結果導致整個地圖都被占滿，完全沒有給人們的好奇心留下空間。因此，當哥倫布從西班牙向西航行時，他原以為日本就在4000英里之外，但實際距離卻是1.25萬英里，兩地之間還隔著一片未知大陸。

當哥倫布踏上那片如今被稱作西印度群島的新大陸時，繪圖員們才意識到自己有多麼無知，於是開始縮小繪製範圍。他們只繪製自己知道的地方，把空白區域留給探險家來填充。地圖開始變成如下的樣子——這是1529年的「迪歐哥．利貝羅地圖」（Diogo Ribeiro map）。[②]這張地圖在中間畫出新大陸東海岸的輪廓，但其餘地方都留待日後填充。此外，這張地圖還從「上南下北」變成「上北下南」。短短一代人的時間，世界地圖就發生不可逆轉的改變，實現真正的典範轉移。

當然，這些大陸並沒有被命名爲北哥倫布洲和南哥倫布洲，而是被稱作北美洲和南美洲，命名來自義大利人亞美利哥·韋斯普奇（Amerigo Vespucci），他在早期的航海探險中只是一個微不足道的小角色。他之所以獲此殊榮，是因爲哥倫布和其他很多人都堅持認爲老地圖準確無誤，而韋斯普奇卻在兩段文字中推測，哥倫布發現的群島實際上屬於一個新大陸。

一位繪圖員在1507年接受這種觀念，誤以爲是韋斯普奇發現新大陸，所以將其命名爲「亞美利加」（America），也就是我們常說的「美洲」。當那張地圖普及之後，其他人也沿用這個名字，於是就此流傳下來。這一切都是因爲韋斯普奇願意挑戰既有觀念。

以色列歷史學家哈拉瑞在《人類大歷史》中指出，新地圖上的空白區域不僅爲大航海時代提供正確的模板，還開啓科學革命。[3]他認爲，這些「現代」地圖中呈現出的疑惑引導所有科學家留下空白，讓後來者可以隨著衆多科學領域知識的發展不斷進行補充。先要承認自己的無知，然後才能獲得知識。

經過一番思考，我們認爲當前策略的狀態有時會讓人聯想起這些早期的地圖：透過近距離觀察獲得不錯的見解，佐以令人信服的詳細敘述，還附有很多分析。你或許會覺得策略會議裡充斥過多透過內部視角獲得的幻燈片和案例，以至於沒有多少人會對外部視角產生好奇和懷疑。根本沒有給疑惑和探索留下足夠空間。

我們無意標榜自己發現新大陸，但如果我們現在開始承認，我們還未完全理解引導企業實現一流績效的地圖，那麼我們或許能制定出更好的策略。於是，我們著手在地圖增加一些資訊，引入外部視角，幫助你爲所在企業繪製一條實現更高績效的新路徑。

現在，我們要踏上這趟發現之旅了。

優質策略的標準

製作一張新地圖時，首先要爲優質的策略建立一個明確的標準，就像透過合適的指南針來指引道路一樣。[4]有的人可能會關注股價上漲，但這會導致我們易變，過於依賴衡量的起迄日期，甚至過於受管理層無法掌控的因素影響。有的人會關注營收成長，還有的人看重盈利或現金流。那麼，有沒有一個指標能成爲衡量企業績效的標準呢？也許沒有，但我們認爲，**經濟利潤**（economic profit）很接近這一標準。

企業策略的核心是戰勝市場，換句話說，就是要對抗「完美」市場將經濟剩餘歸零的力量。經濟利潤（扣除資本成本後的總利潤）衡量的，就是這種對抗的成效，它顯示的是發揮競爭力量之後留下的東西。[5]當然，企業還會追求其他目標，比如開發新產品新技術、保障就業或做出社會貢獻、建設社區等。但是如果優質的策略能成功地馴服市場力量，剩餘的經濟利潤就會增長，從而降低實現其他目標的難度。

奇怪的是，很多經過審計的財報中都找不到經濟利潤這個指標，而我們的調查也發現，人們很少在策略中使用。有的主管甚至問：「我們是不是把經濟附加價值（EVA）丟掉了？」現在，我們希望把經濟利潤重新帶回人們的視野。[6]這是一個很好的指標，因爲其可以同時顯示一家企業擊敗市場的程度，以及這種成功的規模。經濟利潤不僅衡量利潤率和規模，還融入利潤率發展、銷售增長和現金流等因素。

如果必須選擇一個變數來衡量一家企業，或者至少衡量它純粹的經濟貢獻，那麼非經濟利潤莫屬。

我們就此發表過多場演講，經常會碰到這樣的問題：「爲什麼不選股東報酬或淨現值❶？」經濟利潤的增長會提升股東報酬，但它包含的干擾因素少得多，也更容易被管理層控制。我們發現，在10年時間內，經濟利潤成長排名前五分之一的公司，股東報酬的總體表現也最強（每年成長17％），而排名後五分之一的公司表現最弱（每年僅增長7％）。

經濟利潤抓住了我們所知道的推動股價長期上漲的兩大參數：資本回報率（ROIC）和成長率。⑦此外，還有很多企業並未上市，所以經濟利潤是一個適用面很廣的指標。

以下我們來進一步了解這個標準（見右頁圖2）。2010年至2014年，我們的資料庫裡全球規模最大的公司平均年度營業利潤爲9.21億美元，該公司爲此投入大約93億美元的資本，包括在以往的收購中投入的商譽。⑧將這兩個數字相除，可算出其資本回報率爲9.9％。但這家「平均數公司」的投資者和債權人，需要8.0％的回報來抵消他們的資金占用（用加權平均資本成本率〔WACC〕測算），所以最先獲得的7.41億美元的利潤都要扣除。用這家「平均數公司」的資本成本乘以其業務規模，剩餘的1.8億美元就是經濟利潤。

圖2 **你不能忽略的策略尺規**
我們使用經濟利潤來衡量價值創造

年度平均，2010年—2014年，總數＝2393家

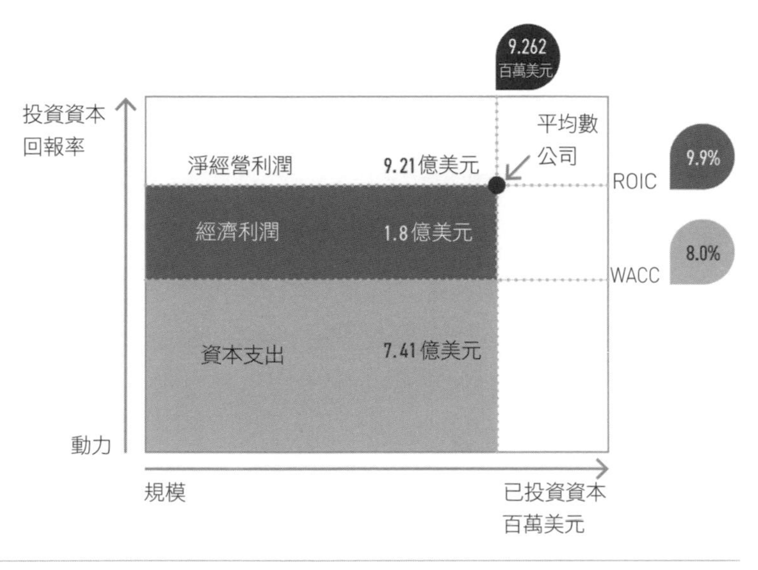

資料來源：McKinsey Corporate Performance Analytics™

企業在經濟利潤曲線上的狀態

一旦把所有經濟利潤按順序連成線，就會發現符合「冪次定律」——曲線的尾巴以指數級速度上升（和下降），中間還有一個長長的平台。[9]於是，就有了下頁圖3裡的經濟利潤曲線。

---

❶：net present value，NPV。將投資的未來現金流量，全部折現成投資始日的價值，稱為該投資的淨現值。

圖3 經濟利潤曲線

經濟利潤在全球的分布極不平均

平均每家公司每年的經濟利潤，2010年—2014年

百萬美元，總數＝2393家*

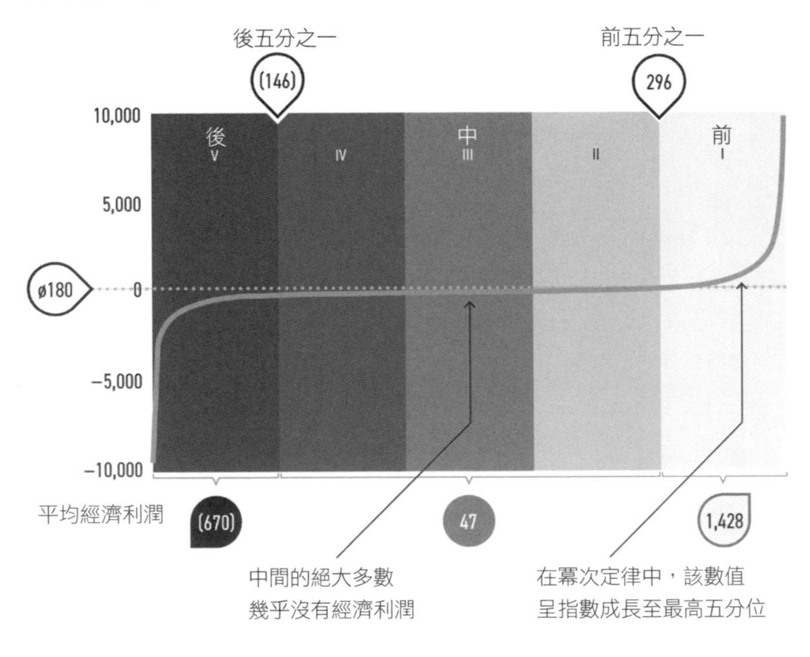

*經濟利潤超過100億美元和低於100億美元的公司（共7家）因為數值範圍而沒有顯示

資料來源：McKinsey Corporate Performance Analytics™

爲了繪出這條經濟利潤曲線，我們彙總2010年至2014年2393家營收最高的非金融公司的績效資料，還估算每家公司的平均經濟利潤。[10]按照從低到高的順序，曲線顯示每家公司在這5年內的平均經濟利潤。然

後，我們將這條經濟利潤曲線分爲三個部分：按照經濟利潤將企業平均分成5組，曲線底部代表後五分之一；曲線中間代表中間的五分之二、五分之三和五分之四；曲線頂端代表前五分之一。可以看出，中間與頂端差距巨大，頂端的平均經濟利潤高達中間的30倍！所以，如果尚未躋身頂端，你可能很希望成爲頂尖企業中的一員。

來自經濟學、人口統計學和自然界的大資料集中，有許多冪次定律的例子。地震震級的分布就遵循冪次定律，職業足球運動員的收入和圖書銷量同樣如此。另一個例子是「齊普夫定律」（Zipf's Law）。該定律指出，使用頻率最高的英語單詞（the）出現的頻率，大約是排名第二的單詞（of）2倍，是排名第三的單詞（and）3倍。令人驚訝的是，這定律適用於任何語言。⑪

雖然我們預料到經濟利潤的分布範圍很廣，但曲線尾部的陡峭和中間部分的平坦程度還是令我們頗感意外。回到之前關於地圖的類比，我們原本以爲要去日本，但卻到了西印度群島。如果把經濟利潤的眞正異常值包含在內，尾部還會更加陡峭：像蘋果這樣的公司就像生活在火星上一樣，其所處位置比「普通公司」的利潤曲線要高兩層樓。它們或許能夠鼓舞地球上的普通企業，但事實上儘管也包含在我們的資料集裡面，圖表的數值已經對它們不適用了。

此外我們還觀察到，極端結果幾乎會使平均數失去意義。如果亞馬遜執行長貝佐斯走進一間普通酒吧，裡面所有人的平均財富就會立刻飆升到1億美元以上，但事實上其他顧客的錢包仍然跟以前一樣乾癟。由於數字差額巨大，所以職業足球員的「平均」薪資沒有太大意義。這就是日常生活在經濟利潤曲線上的表現。

我們從地圖上看到什麼

回到策略會議，經濟利潤曲線並非實際生活中使用的地圖。內部視角讓我們得以詳細了解與去年的對比情況，與直接競爭對手的對比情況，以及與明年預期的對比情況。但如果把視野放寬，著眼於獲利能力的整體格局，了解到所有行業和所有地區的所有大型企業，就可以獲得一個重要的新視角了。我們會發現，絕大多數利潤都來自曲線的一端，逐步接近這一端的過程中會呈現指數級成長。所以，**優秀的策略不應該狹隘地僅僅關注去年、明年和競爭對手。策略目標應該沿著經濟利潤曲線向右移動**。對多數企業來說（包括所有處於中間的3組企業），實際挑戰是如何逃脫曲線中間那段廣闊而平坦的部分，進入右邊那段利潤最豐厚的區域。

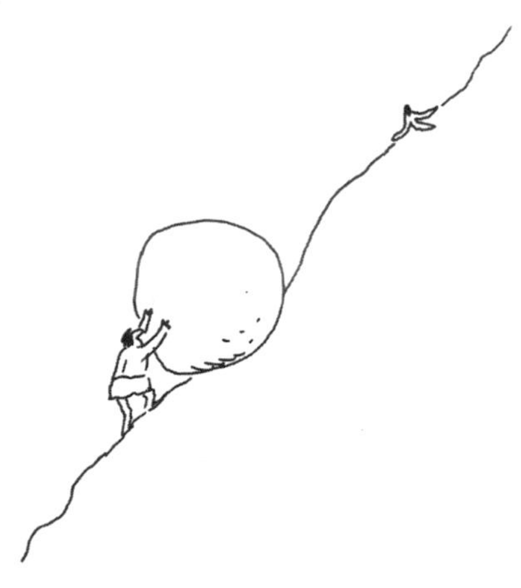

這並不表示比去年做得更好毫無價值。肯定有價值，我們也並不認爲每家公司都能進入經濟利潤曲線的頂部。在作家蓋瑞森·凱勒（Garrison Keillor）虛構的小鎮烏比岡湖（Lake Wobegon），「女人都很強，男人都長得不錯，小孩都在平均水準之上。」然而，沒有一種靈丹妙藥能讓所有人都實現超標的績效。與其一味關注去年和明年，不如把視野放寬，從經濟利潤的整體格局著眼，反而可獲得極其不同的視角。在制定策略的過程中，將爲你提供一張可供探索的地圖。

當我們向執行長展示這條經濟利潤曲線時，雙方總是談得很投機，因爲他們都很好奇自己排在什麼位置。通常他們的第一反應是：這是常識，但並不普遍適用。他們並沒有深入了解中間部分有多長、多平坦，也不知道「山峰」究竟有多高。根據這條經濟利潤曲線，我們發現：**市場力量非常有效**。

教科書上的理論認爲，隨著時間推移，經濟利潤會趨近於零，因爲會隨競爭而消失。但我們很高興地告訴大家，在大多數行業，獲得利潤並非不可能，因爲眞實市場並不完美。在我們調查樣本中的那家「平均數企業」，資本回報率大約比加權資本成本高出兩個百分點。但市場的確在不停地剝奪單一企業的利潤。正因爲競爭激烈，想要保持現狀才那麼困難，曲棍球桿效應也才那麼難以變成現實。

耗費1億美元的改進專案並沒有提升利潤，不過是讓你的相對成本與競爭對手保持一致而已，像這樣的情況你見過多少次了？這種專案並不會擊敗市場，只是在參與市場而已。你只不過是在與同行保持一致。

對於處在經濟利潤曲線中間部分的公司，市場會讓其付出沉重代價。在公司工作的人們付出所有努力，在扣除房屋租金後可能就所剩無幾了。這3組企業平均每年的經濟利潤僅爲4700萬美元。事實上，現在的策略會議裡根本不會討論曲線中間的這段平坦部分。

曲線兩端極其陡峭。前五分之一企業獲得幾乎90%的經濟利潤，平均每年14億美元。這是企業界的名人堂，排名前40的公司包括一批家喻戶曉的品牌，如蘋果、微軟、中國移動、三星電子、埃克森、嬌生、甲骨文、沃達豐、英特爾、思科、雀巢、默克、沃爾瑪、可口可樂、奧迪、聯合利華和西門子。[12]排名前40的公司，年度經濟利潤總額高達2830億美元，超過資料庫裡全部2392家公司總額（4170億美元）的一半。

總體而言，前五分之一的公司，平均經濟利潤高達中間三組的30倍左右；而後五分之一則出現嚴重的經濟虧損。這種不均衡的狀態在前五分之一的公司中同樣存在。排名前2%的公司，經濟利潤總額與緊隨其後的8%的總額相當。在智慧型手機行業，排名最高的兩家公司（當時是蘋果和三星）幾乎獲得所有的經濟利潤。沒錯，如果把其他所有智慧型手機製造商作爲一個整體來看，這一時期它們其實是在破壞價值。蘋果藉由iPhone和iPad「轉售」記憶體獲得的利潤，超過整個記憶體行業生產這些晶片的利潤。

在曲線的另一端，經濟利潤負值曲線的「峽谷」也很深。不過幸運的是，深度還比不上山峰的高度。

隨著時間推移，曲線越來越陡峭。2000年至2004年，前五分之一的公司總共獲得1860億美元經濟利潤；而2010年至2014年，其經濟利潤達到6840億美元。後五分之一的公司，在2000年至2004年間總共虧損610億美元；10年後，其虧損總額達到3210億美元。當然，投資者都希望尋找報酬水準能擊敗市場的公司，因此越來越多資本流入頂尖公司。業務主管或許騙得了老闆，卻騙不了投資人。資本既不承認也不尊重地理邊界或行業邊界。在截至2014年的10年內，市場每增加1美元資本，就有50美分被當時躋身前五分之一的公司奪走。這種資本流入使頂尖企業的平均經濟利潤進一步提升，10年間的實際成長率超過130％，從6.12億美元成長到14億美元，而其平均投資報酬率則始終相對穩定，保持在16％左右。

即使在曲線越來越陡峭的時候，這種不平等也不是一成不變的。接下來我們會在本書中看到，眾多企業和整個行業都在曲線中上下波動。曲線不僅不均勻，而且十分動盪：一家公司在曲線上的位置始終在變。

規模不是一切，但也並非毫無意義。在選擇經濟利潤這樣一個指標時，我們知道，規模也會產生影響。這可能讓一些人覺得不舒服。[13]有人或許認為，應該使用經濟淨利潤或資本回報率這樣的相對指標。但在指標中融入規模因素的確合乎情理：我們評估一項策略的優勢時，不僅要考慮其經濟方案有多麼強大（根據資本回報與資本成本的差額來衡量），還要考慮**方案的可擴展性**（根據已投入資本來衡量），請參閱下頁圖4。沃爾瑪的資本回報率適中，約為12%，但已投入資本高達1360億美元；與之相比，星巴克的資本回報率高達50%，但因為屬於可擴展性遠遠低於沃爾瑪的類別而受到限制，已投入資本僅為26億美元。這兩家公司都躋身前五分之一，但誰的策略更優秀？這個問題不太好回答，但二者的經濟利潤差距很大卻是不爭事實——沃爾瑪達到53億美元，星巴克僅為11億美元。

規模也有自身的局限性。大公司（已投入資本高於平均水準）在後五分之一中的占比高達80%。如果非要得出什麼結論的話，我們認為：**規模較大的公司，更有可能獲得極高或極低的經濟利潤**。有28%的大公司入圍前五分之一，只有41%分布在中間三組。簡單來說，如果規模很大，那就更容易創造高額利潤或遭遇高額虧損。然而，只有**將規模和差異結合起來**才有意義。

圖4 回報vs規模

有很多組合能夠讓你進入前五分之一

年度平均，2010年—2014年，總數＝2393家

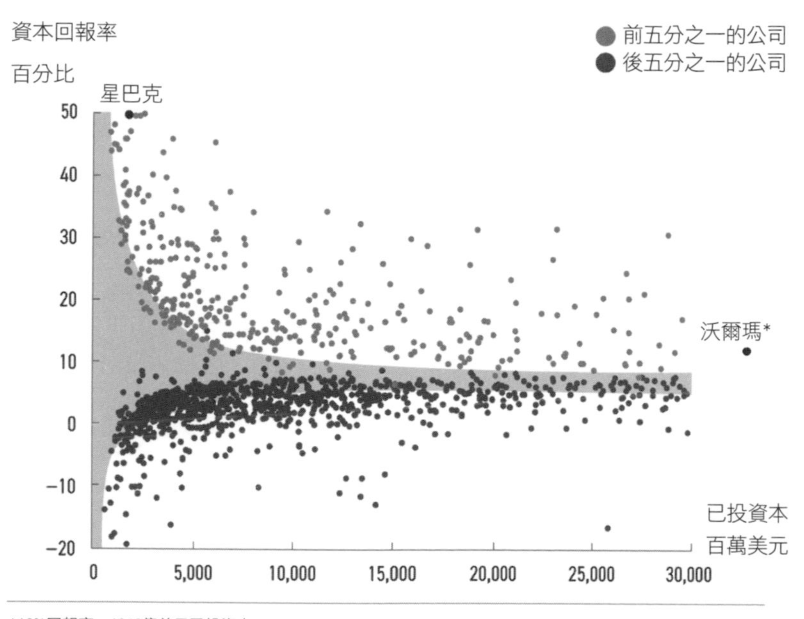

*12%回報率，1360億美元已投資本

資料來源：McKinsey Corporate Performance Analytics™

歸根究柢，這是你與整個世界的對抗。你總是習慣與同行或三年前的自己比較，但如果透過經濟利潤曲線來看待整個世界，就會獲得截然不同的感受。你的視野拓寬了，可能變得更謹慎或更大膽，而這具體取決於你發現自己處在曲線的什麼位置——現在你查看很多相關資料，但卻能看到事物的全貌。在這裡，企業依靠自身績效吸引投資者，競爭

對手是其他所有企業，而不僅是自身所在的行業。在這裡，你會根據企業在曲線中的上下浮動來判斷策略的效果。有人認爲，與其他行業和其他國家的企業對比並不公平，但資本就是這樣對比的，它總會流向機會最好的地方，不管什麼行業、也不管什麼地區。你的主要對手是遵循優勝劣汰的市場力量，它會擠壓你的獲利能力，衡量你成功與否的主要指標，是你在多大程度上避開這種擠壓。

你為什麼處於現在的位置

執行長和財務長們看到自身企業在經濟利潤曲線上的位置時，也往往會感到意外。這並不是因爲他們過去存在幻覺，只是由於習慣內部視角。他們只會依照同業基準，把所在企業的績效與直接競爭對手進行對比，而不會放到全球所有企業中進行對比。

有的執行長發現自己處於中間位置時感到很意外，他們一直都自以爲位居行業頂端。有的執行長發現自己處於曲線的頂端時感到意外，於是開始思考這究竟表示他們需要延展曲線，還是難逃下滑命運。無論一家企業處在什麼位置，問題很快都會變成：**我們爲什麼在那裡**？這也會得出一個令人意外的答案。採用內部視角時，如果進展順利，我們往往將其歸功於管理層英明神武；而當形勢嚴峻時，則歸咎於行業問題和運氣不好。然而我們的分析表明，你在曲線上的位置大約有50%源自行業因素——強調**進軍什麼領域**的確是策略中最關鍵的選擇之一。如下頁圖5所示，我們發現行業表現也遵循經濟利潤曲線，同樣也有「峽谷」和「山峰」。

圖5 行業的經濟利潤曲線

行業也有經濟利潤曲線——你所在的行業很重要

每個行業內企業的年度平均經濟利潤，2010年—2014年

百萬美元，總數＝2393家

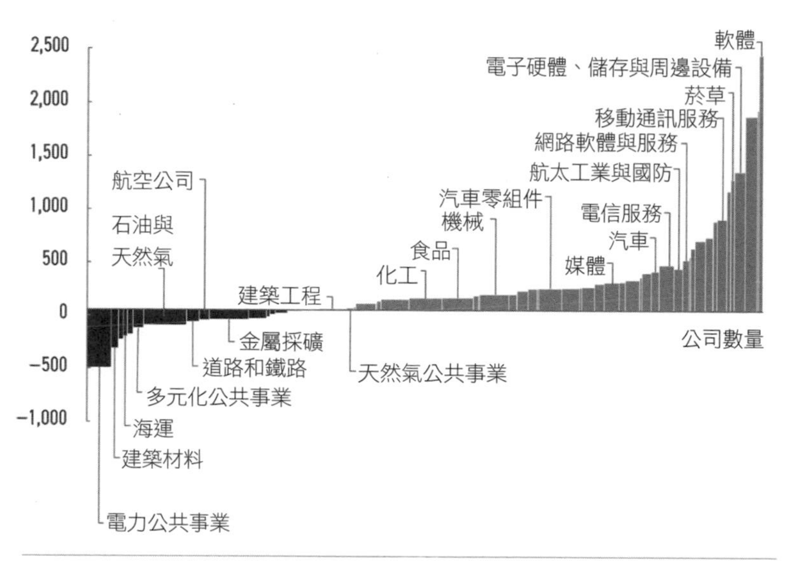

資料來源：McKinsey Corporate Performance Analytics™

我們的研究對象中共有12家菸草公司，其中9家躋身前五分之一。但研究的20家報業公司沒有一家名列其中。軟體、製藥和移動通訊等衆所周知的高績效公司，占了這一組的多數位置，而公共事業、交通運輸、建築材料公司主要位於後五分之一組。

一家企業所在的行業，對其在經濟利潤曲線上的位置影響很大，你**寧願選擇成爲優秀行業中的一家普通公司，也不願成爲一家一般行業裡的優秀公司**（見第75頁圖6）。中間位置的製藥公司（印度的太陽製藥

公司〔Sun Pharmaceuticals〕經濟利潤爲4.24億美元）、中間位置的軟體公司（Adobe Systems，經濟利潤爲3.39億美元）和中間位置的半導體公司（Marvell Technology Group，經濟利潤爲2.77億美元），都能在化工企業中躋身前五分之一，在食品公司中躋身前10%。在某些情況下，你甚至寧願進入自己供應商所在的行業。例如同樣如圖6所示，航空公司的平均經濟利潤虧損9900萬美元，而航太工業與國防領域的供應商平均利潤則達到4.53億美元。事實上，瑞典航空及武器製造商紳寶集團（Saab AB）的經濟利潤高於紐西蘭航空，前者在航太工業與國防供應商中排名前20%，後者在航空公司中排名前80%。這並不意味著所有航空公司的經濟績效都很差（日本航空就是明證），也不意味著航太工業與國防領域都利潤豐厚。但不可否認的是，不同行業的吸引力的確有高低之分。

如第76頁圖7所示，縱觀整個市場，**經濟利潤曲線前五分之一的公司，僅因爲身處一個更好的行業，就可將經濟利潤提升3.35億美元；而後五分之一的公司所處的行業較差，經濟利潤因此減少2.53億美元**。

當然，也有一些不受行業影響的例外企業。例如，綜合電信服務公司（該行業位居前五分之一）在前五分之一和後五分之一中都有相當高的占比。綜合石油與天然氣公司同樣如此（該行業位居後五分之一）。如果要解釋這種差異，我們發現，行業因素占比爲40%～60%，而隨著行業定義越來越細化，行業因素的影響在經濟利潤中的占比只會有增無減。

即使我們看過的所有策略都從行業視角開始陳述，但這種視角卻很少被用來解釋過去的績效。

圖6 **行業內的經濟利潤差異**

好行業裡的普通企業，其業績優於差行業裡的好企業

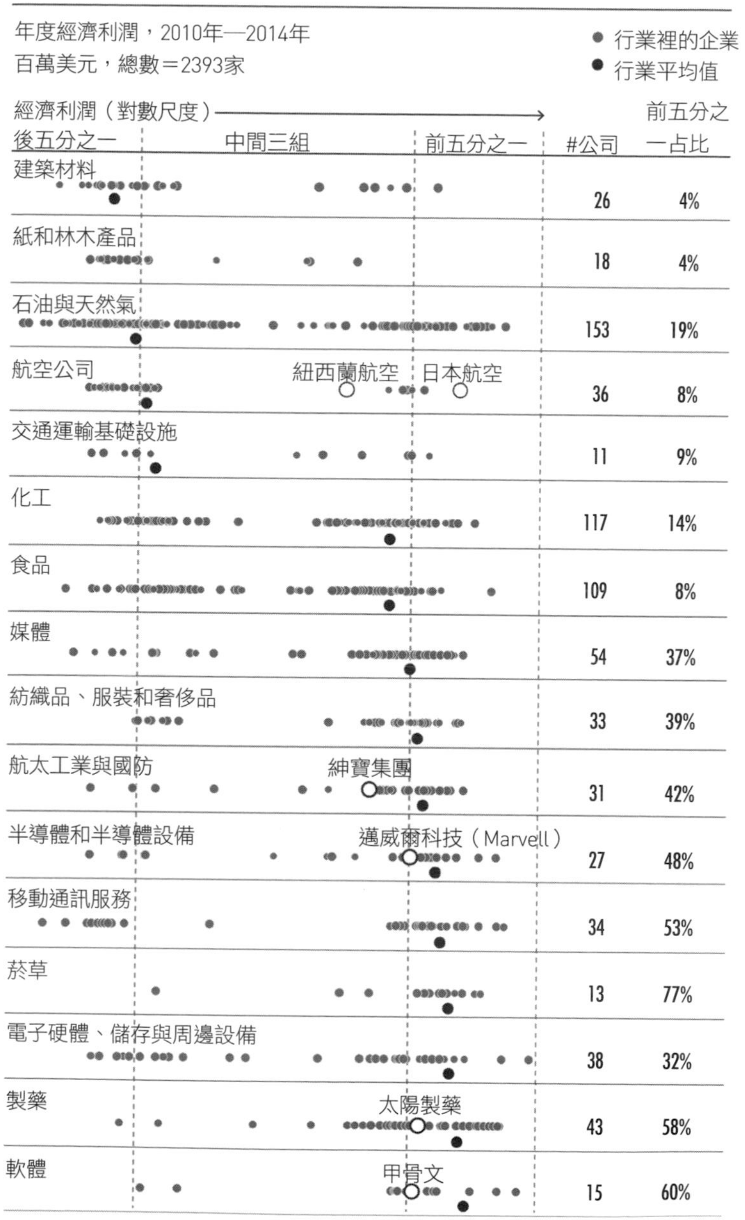

年度經濟利潤，2010年—2014年
百萬美元，總數＝2393家

● 行業裡的企業
● 行業平均值

經濟利潤（對數尺度）→

後五分之一　中間三組　前五分之一

		#公司	前五分之一占比
建築材料		26	4%
紙和林木產品		18	4%
石油與天然氣		153	19%
航空公司	紐西蘭航空、日本航空	36	8%
交通運輸基礎設施		11	9%
化工		117	14%
食品		109	8%
媒體		54	37%
紡織品、服裝和奢侈品		33	39%
航太工業與國防	紳寶集團	31	42%
半導體和半導體設備	邁威爾科技（Marvell）	27	48%
移動通訊服務		34	53%
菸草		13	77%
電子硬體、儲存與周邊設備		38	32%
製藥	太陽製藥	43	58%
軟體	甲骨文	15	60%

資料來源：McKinsey Corporate Performance Analytics™

圖7 行業影響

行業的平均經濟利潤對頂端形成促進，對底部形成壓制

年度平均經濟利潤，2010年—2014年
百萬美元，總數＝2393家

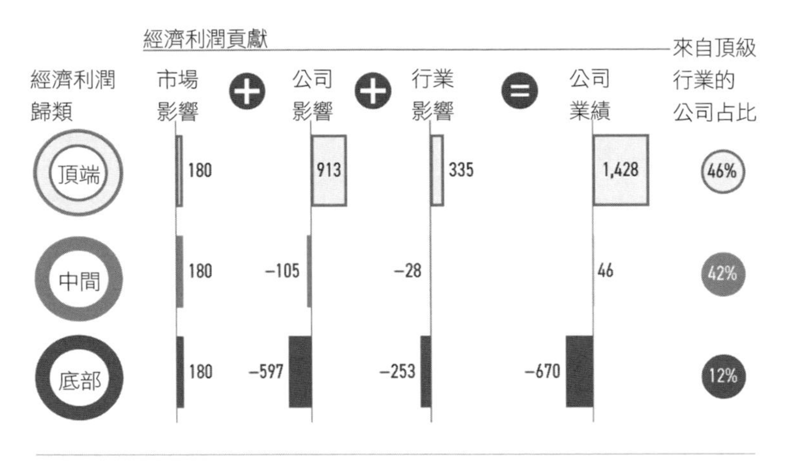

資料來源：McKinsey Corporate Performance Analytics™

策略方面的古老智慧是，你必須回答一個問題，即「我爲什麼賺錢？」行業因素的重要性超出多數人的想像，也超出多數人願意接受的程度。無論是好的方面（當順風前進時）還是壞的方面（當不利趨勢預示我們艱難時刻即將到來，而我們並不喜歡這些消息時），都是如此。

現在，我們已經開始繪製自己的新地圖，並理解行業的重要作用，那就返回策略會議，看看究竟有哪些差別吧。

用外部視角獲取新觀點

當意識到成功在很大程度上取決於公司和行業在經濟利潤曲線上的位置變動時，觀點就會發生變化。有的公司進入前五分之一的機率較低，可能受所在行業的制約，而很多公司至少還有機會。如果渴望在曲線上向上移動，現在需要關注以下幾個有意思的面向：

- **經濟利潤曲線是新的參考點**，你之前可能沒有使用過。你不再與去年的自己或同行對比，而是與所有爭奪資本和經濟利潤的公司對比。
- 在**經濟利潤曲線中向上移動**成爲策略成功的標誌。小目標是移動到中間的位置。大目標是移動到前五分之一。同樣道理，反向移動則意味著失敗。
- 你的**願望需要調整**。漸進式的改進不足以讓你變換位置，因爲你的競爭對手也很努力。因此，你所做的一切最終可能只是讓你原地不動。
- 在曲線中向上移動不是一年就能實現的──這段旅程**需要優秀的策略和持續的落實**。尾部太過陡峭，攀登非一日之功。

於是一個至關重要的問題來了：「怎樣才能在經濟利潤曲線上順利移動？」嗯，差不多需要10億美元。我們後面將會看到，眞正從中間三組跨越到前五分之一的公司，年度經濟利潤平均提升了6.4億美元。

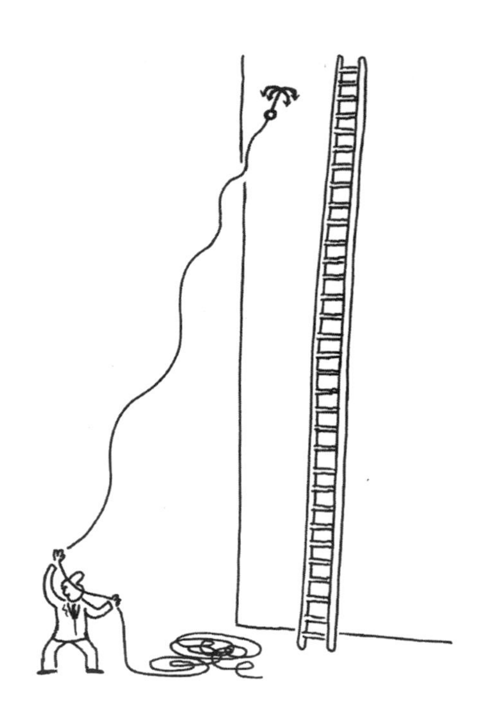

正如我們之前所說，企業要想成功，就需要實現比尋常情況下更大的轉變。有一家公司的執行長向來喜歡討論4%～6%的成長，並據此為各個部門分配資源。有一年，在對各個業務和地區進行更細緻的分析後，他觀察到有個區域（俄羅斯）正在以30%的速度成長。於是，他向俄羅斯分公司投入大量資源，創造了極為有利的環境，最終大大加快成長速度。俄羅斯區的業務主管評論道：「我知道我們能贏。只不過直到那時，我們從未獲得過所需要的資源，因為以往只看平均數。」

有時候，要想取得巨大成功，甚至需要採取更極端的措施：**進入利**

潤更豐厚的行業或**更有利的細分行業**（這並非易事）。如果這種方案不可行，那就**重構所在行業的經濟狀況**，使之更具吸引力，這也許是你唯一的選擇。

在制定策略目標時，多數公司都明白，曲棍球桿計畫幾乎不會實現期望的結果。奇怪的是，他們其實都在尋找正確的方向。在經濟利潤曲線中向上移動，確實要遵循曲棍球桿效應。而挑戰在於，**區分這種效應的眞僞**。我們很快就會介紹如何識別眞正具備曲棍球桿效應的計畫，但首先還是來看看假的計畫是如何產生的，以及由此引發的問題。

預算
2020
2021

— 第 3 章 —

夢想很豐滿，現實很骨感

曲棍球桿計畫是策略賽局的自然結果，

往往伴隨著畏首畏尾。

當滿懷希望的預測接連與事實相悖時，

就會得到最醜陋的策略圖：毛茸背。

但真正的曲棍球桿效應的確存在！

在最近的一項調查中，執行長們表示，僅有50%的目標制定和策略決策是基於事實和分析的；另外一半則是策略決策流程和策略會議裡的人際因素互動的結果。[①]因此，像樹立恰如其分的遠大抱負、確定合適的工作重心等，不僅技術上有難度，而且還剛好處於我們之前探討的偏見與代理人問題的交叉點上。

這些任務深受策略的人性面困擾，在集體意願和個人恐懼、抱負、競爭、偏見之間充滿衝突。即便能充分理解這種環境，但設定目標的過程仍然干擾重重。過度自信、盲目推斷、爭奪資源、預期不斷提高，或者目標制定者常有的喜歡「延伸目標」的心理，都會導致目標定得過高；「堆沙袋」、談判協商和風險厭惡，則會導致目標定得過低。結果就是：曲棍球桿和毛茸背（hairy back）。

「毛茸背」的出現

正如我們所見，策略會議裡的動態因素經常催生曲棍球桿計畫：前幾年過於保守，然後對長期結果又過於激進。[②]由於前期投資的因素，這些曲線在初期會出現短暫下降，之後便掉頭上升。把多年以來未能實現的曲棍球桿曲線組合起來，就會得到曲棍球桿那醜陋的表親──「毛茸背」。我們有滿滿一抽屜這樣的案例，下頁圖8就反映了其中一例。

下頁圖8顯示一家大型跨國公司的業績。該公司原計畫在2011年實現爆發式成長，但結果卻平淡無奇。不過團隊並不氣餒，而是爲2012、2013、2014和2015年分別繪製了一條又一條曲棍球桿曲線，但實際情況卻始終不溫不火，然後逐漸下降。

「毛茸背」是很普遍的現象，銷售、利潤、利用率等各方面都會出現這種情況。董事會害怕它，投資者知道它，執行長也在努力避開它，但它卻總是不停出現。

圖8　毛茸背示意圖

每年未達標的曲棍球桿計畫形似毛茸背

稅息折舊及攤銷前利潤

10億美元

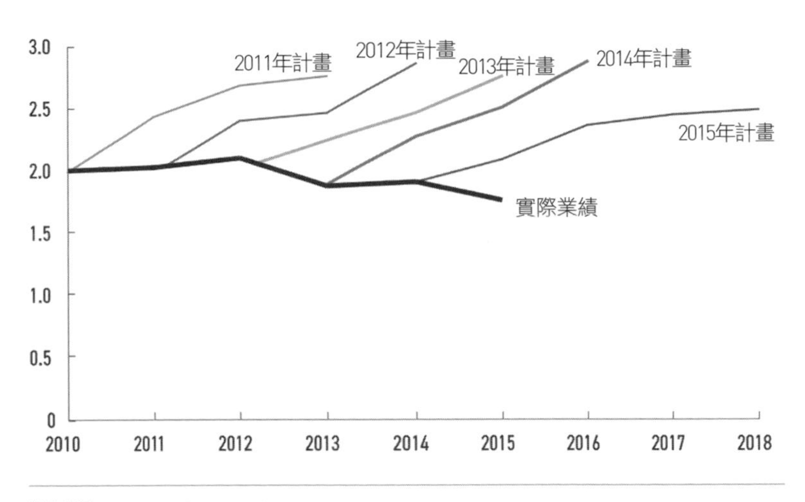

資料來源：Disguised client example

部分原因在於過度自信，這很符合人性。在被問及駕駛技術時，93%的美國司機和69%的瑞典司機都認爲自己高於平均水準。在被問及安全率時，88%的美國司機和77%的瑞典司機認爲自己高於平均水準。

③很多領域的專家也都存在這樣的偏見——經驗越豐富，越可能過度自信。

企業裡的人際因素會助長過度自信風氣：有沒有人因爲根本未能實現的成長預測而獲得提拔？一些經常閱讀勵志書籍的人甚至會認爲，制定「延伸目標」能產生激勵作用，無論這些目標多麼不切實際。很多曲棍球桿計畫之所以會出現，就是由於人們眞的認爲自己可以實現這些目標。

獲得批准

另一些曲棍球桿計畫的出現，是由於人們在玩社交遊戲：雖然規畫流程名義上是爲了制定策略，但眞正目標其實是爲獲得攸關明年資源多寡的預算申請。主管需要依靠這些資源維持地位，並由此獲得有可能助其升職甚至擔任最高職位的業績。這些主管並不奢望能夠如願獲得自己想要的一切。他們通常會先索要超額資源，這樣一來即便不如原本的預期，依然可以獲得「充足的」資源。此外，與制定無法實現的曲棍球桿計畫相比，無法獲得資源產生的後果往往更加嚴重。

你應該見過這種把戲，甚至也可能親自玩過。當需求確定之後（例如15%的內部投資報酬率），人們制定的計畫就會神奇地超過這個標準。沒有人在參與規畫會議時希望自己的計畫遭到否決，沒有人希望在資源競爭中失敗。

試想，如果一位主管帶著切實可行但卻平淡無奇的目標走進會議室，你肯定會好奇： 這個人有沒有足夠的能力和抱負？他在制定策略時真的融入了創造力和才能嗎？他難道不相信自己的執行能力？不，但曲棍球桿計畫就這麼出現了。我們太容易相信自己滿懷期待的事了。

執行長不會批准每一個曲棍球桿計畫，但卻需要在某個地方有一個成長故事。高階管理團隊制定很多決策，但卻很難一個不漏地評估所有內容，因此獲得大家普遍支持的曲棍球桿計畫通常來自那個以往績效最佳的人。執行長把那項計畫的一個版本提交給董事會，董事會可能要求修改一些細節，但卻基本上支持執行長的計畫。

故事還沒結束。

財務壓縮

之後，負責最終分配資源的財務長拿到那份計畫，賽局的下一階段開始了——這個階段需要達到最終目標：獲得至關重要的首年預算。財務長當然受不了曲棍球桿計畫前幾年的任何業績下滑，也就是所謂的「投資低谷」，儘管按照計畫之後會出現大幅成長。所以財務長會要求大幅壓縮成本，以彌補這種下滑。這種下滑還會消耗掉安全緩衝，財務長希望在預算中透過這樣的安全緩衝抵禦這一年出現的意外問題，畢竟總有這樣或那樣的問題會不期而至。財務長雖然支援曲棍球桿計畫，但也承認需要安全緩衝——沒什麼比向董事會承諾公司很安全，但之後卻沒有達到目標更糟糕的事了。因此，財務長收回一些資源，「抹平了」第一年的業績曲線。

我們收到的一封電子郵件可說明這點。在與全球財務長見面討論某個業務部門的一項重大策略調整後，一位高階主管寫道：

> 【她】相信這項策略，但與任何一位優秀的財務長一樣，她也希望能在短期獲利不受衝擊的情況下完成計畫。接下來她立刻轉向一個關鍵問題：是否要在接下來的兩年裡加速資本支出。

無論曲棍球桿計畫是否過於樂觀，是不是社交賽局促成的結果，或者是否蘊含著眞正的機會，但眞正的重點通常在於：計畫中所承諾的成功，幾乎都無法實現。本應爲成長打基礎的投資遭到削減——但出於某種原因，成長的野心卻通常保持不變。

到了第一年的年底，業績果眞沒有達到曲棍球桿計畫的目標，於是便出現歸因偏誤。肯定不是壓縮預算的人錯了，畢竟負責的主管也同意了預算規模。他們會找一個最恰當的理由來解釋爲什麼沒有達到目標，通常是某些突發事件──不合理的天氣、一次資訊設備當機事件，諸如此類。儘管這些事件似乎每年都會發生。在把失敗歸咎於外部因素後，團隊重新團結起來，決定加倍下注、重設目標。「雖然失去了一年，但我們會重回正軌。」於是圖上的下一根「毛」，開始萌發。

丹尼爾·康納曼和雪梨大學企業策略教授丹·洛沃羅（Dan Lovallo）在他們的著作中，解釋了人類所具有的大膽預測和膽怯計畫傾向，所以我們往往會預計銷售、獲利和其他指標實現超常成長（exceptional growth），但卻不會採取能夠實現這些增長的重大行動。[4]他們的論文發表於25年前，但我們至今仍在不停犯同樣錯誤。我們其實是在說：「只要採取與去年一樣的措施，或者多採取一些措施，我們明年的業績就會好很多。」

⨀ 大膽預測

馬克．吐溫曾用一段美妙文字，總結大膽預測存在的典型問題，他說：「令你陷入困境的並非無知，而是那些似是而非的荒謬論斷。」

這種「確知論斷」屢見不鮮。我們在演講中經常提出這樣一個有趣問題：在座有多少人相信，「中國的長城是唯一能在太空中用肉眼看到的人造建築」？令人震驚的是，多數人都「知道」這是眞的──但事實並非如此。這個說法產生於1754年，但1961年就已被證僞。那一年，世界第一位太空人尤里．加加林（Yuri Gagarin）圍繞地球飛行時親自進行驗證，他無法用肉眼看到長城，之後的太空旅行者也都沒有看到，因爲用岩石製作的長城跟周圍地形混爲一體。但現在，大多數人仍然「知道」長城在太空中可以用肉眼看到。

在預測的時候，會有幾個隱形殺手潛入我們的策略會議。最常見的幾個包括缺乏適當的基準線、業績歸因錯誤，以及尤其是我們面對不確定性時採用的方法。

缺乏適當的基準線。構成我們預測的基礎，是那些我們自認爲知道的事。在第一次網路蓬勃時期，我們的一個客戶考慮投資10億美元新建一條貫穿美國的光纖網路，因爲他們預期通訊將會出現爆發式成長。網路的出現顯然會帶動光纖容量的需求，所以不少企業紛紛跑馬圈地，希望分一杯羹。網路給企業和人們的交易方式帶來的變革越大，需要的光纖容量就越大，所有人都「知道」這點。但這種看似無限的爆發式需求，並非故事全貌。當時已經有很多光纖投入使用，而隨著藉由光纖發送訊號的路由器不斷改進，現有的光纖容量也會快速增加。另外還要考慮「暗光纖」（已經安裝但尚未使用的光纖容量），再加上競爭對手宣布的額外容量安裝計畫。把這些加總起來就會發現，即使按照最誇張的需求來計算，這些容量也會超出未來5年的需求。後來，這家客戶公司花時間做了一個適當的基準線，而且發現大家都「知道」的事並沒有變成額外的容量需求，於是決定停止這一業務項目，沒有爲這個曲棍球桿計畫投入10億美元，最終得以逃過一劫。一年後的網路泡沫破滅應驗了這一明智決策。而另外有很多公司，都曾在沒有適當基準線的情況下展開投資，簡單地根據自己了解的情況採取行動，並爲此付出慘重代價。

在制定市場占比成長計畫時，會遇到另一個常見的基準線問題。在個人電腦發展早期，每一家有實力的電子公司都認爲自己能夠在快速擴張的美國市場拿下20％的占比，但卻忽略有多少對手也在追求相同目標。有8家公司都試圖奪取20％的占比，這導致整個行業出現無法挽回的產能過剩，因此痛苦的衰退隨之而來。[⑤]

大膽的預測很難避免。人們很容易在Excel裡面隨意調整儲存格，但卻根本沒有注意到，光是達到目前的目標就要克服很多困難了。或許跟我們一樣，你也有朋友想在一場馬拉松跑出好成績但卻沒能達到預期，他們的訓練強度不夠，卻堅信自己比事實上強壯得多。其實企業也會犯同樣錯誤。

業績歸因錯誤。評估業務發展勢頭時，也很容易犯錯。人們往往會把業績誤當成能力：「我們做得很好，所以肯定優於競爭對手。無論如何，我們都會繼續繁榮發展。」即便成功來自外部環境，人們仍會這樣想。在順境中更加難以識別這種歸因錯誤，因為了解潛在動態的需求不夠迫切。例如，如果一家公司在可以迅速漲價的環境中繁榮發展，它或許會認為這是因為銷售業務的效率提高了，僅僅是因為收入的成長超過銷售成本。但當定價環境嚴峻時，該公司或許就會發現，整套系統出現各種各樣的低效率問題。

在網路繁榮時期，北美幾家消費電子代工企業都透過四處收購客戶工廠進行快速擴張。由於新聞報導四處宣傳其無可匹敵的效率和物流能力，這些公司的股價也大幅上漲。然而當成長故事隨著網路泡沫的破滅戛然而止時，人們才發現，在快速成長時期，這些公司在收購新業務時就連最基本的整合工作都忽略了，這導致業務量下滑產生的影響進一步放大。隨後的復甦花費好幾年時間，還有好幾家公司成了別人的收購目標。

我們經常會犯歸因錯誤，即便是當自己為此受到傷害時也不例外。例如，我們都渴望「友好的」家庭醫師。然而客戶滿意度排名前五分之一的醫師收治的病人，其花費的醫藥費要高出9%，死亡率也高出

25%。一個讓你感覺良好的醫師，卻會把你置於危險境地[⑥]——但你可試試將此事告訴一個對醫師很滿意的患者，看看對方會做何反應。

公司業績的現實視角，往往也會被「延伸目標」（BHAG，是宏偉、艱難和大膽的目標〔Big Hairy Audacious Goal〕的英文縮寫）所擾亂。在設定目標時，領導者往往會把自己的希望強加於事實之上。以往獲得超標業績（exceptional performance）的主管更容易設定不切實際的超高業績目標，有時這會對團隊士氣產生負面影響。

很多商業書都在宣揚一種觀念：偉大很容易實現。這些書會借助幾個精挑細選的案例，暗示超標業績近在咫尺，只要採用合適的方法就能實現，然而事實並非如此。首先，這種不嚴謹的因果關係，忽略行業動態在其中發揮的重要作用。無論我們從多久之前就開始把蘋果當榜樣，並非每家公司都能成爲蘋果。事實上，恐怕沒有人能做到（更精確地說，在我們取樣的2393家企業中，也只有一家公司可以）。不過，類似的書還是不停出版，人們也仍在不斷嘗試，並暗自爲自己賦予超出實際水準的能力。

如何應對不確定性。「預測很難，預測未來尤其困難。」前美國職棒球星尤吉．貝拉（Yogi Berra）和丹麥物理學家尼爾斯．波耳（Niels Bohr）都曾說過同樣的話。[⑦]當我們想要開展適當的策略決策流程時，這個說法尤其準確。不確定性不僅在策略中無處不在，它甚至正是我們需要制定策略的原因所在。如果沒有不確定性，我們只需要一份從A到B的計畫即可。

在策略決策流程中，應對不確定性所遇到的問題並沒有得到人們的深入分析。分析往往並不會涉及不確定性，就連適當的場景規畫也很少見。令人意外的是，其關鍵原因在於策略的人性面。爲什麼？從某種意義上講，執行長很常藉由組合賽局（portfolio game）來應對不確定性，他們知道，並非每一個賭注都必須全面投入才能成功。問題是，企業層面的組合賽局對各業務部門的負責人來說，就變成全面下注。我們都聽過這樣的話：「你的數字代表你。」而不會有人表示：「好吧，這專案只有50％勝算，所以我不會因爲失敗而責怪他，除非他再犯一、兩次類似錯誤。」不會的，在部門主管層面，結果非黑即白。要嘛成功，要嘛失敗。

正因爲存在可能性和不確定性，才讓社交賽局得以廣泛流行。

問題在於干擾訊號。我們無法判斷糟糕的業績是不是雖敗猶榮，同樣也無法判斷出色的表現是否來自意外的運氣。這究竟是努力使然，還是造化弄人？規畫失敗和執行失敗，哪一種危害更大？或許這項策略本身就很糟糕？不確定性不僅意味著我們無法看清未來，甚至還會影響過去。後視鏡裡的塵霧導致你根本看不清自己從何而來。⑧

當然，在企業營運的過程中，有很多因素是你無法掌控的，比如經濟走向、政治事件、競爭對手的行動。在大多數策略會議裡，如何應對不確定性都是一個非常突出的問題。這就像房間裡有一頭600磅的大猩猩（即擺在你面前不得不面對的事情），事實上它就坐在桌子中間，長著長牙，流著口水，可沒人想談論它。因爲這是一個複雜的話題，可能會輕而易舉地阻礙計畫獲得通過。但它就坐在那裡。所以，陳述策略的主管就如何應對這頭大猩猩制定了複雜的方法。他們的方案必須得到明確通過，而不是模棱兩可的答覆。也就是說，他們必須讓人們對其承諾的結果滿懷信心——至少要提供一種確定性的錯覺。

以下就是我們在策略會議裡，應對不確定性時最喜歡採用的一些方式。

首先，**忽略不確定性**。很多策略陳述的開頭都會引用分析師的市場預測。沒有場景，也沒有列出一系列結果，開篇就闡述「未來最可能的版本」，最後才會提到不確定因素。在那之後，你會得到這份計畫的逐項估算，這完全就是爲了獲得通過。

其次，**把不確定性當成事後的想法**來對待。對多數人來說，策略會議都是一個嚴酷無情的地方，而且說實話，多數主管都不能接受在那個舞台上失敗。執行問題？可以討論。策略方案有瑕疵？可以解決。但進行一場關於機率的策略對話呢？你肯定在開玩笑！結果就是，在總共150頁的策略幻燈片中，直到第149頁才會闡述風險。報告人希望還遠遠沒講到那裡就能獲得預算審批。第149頁幻燈片的題目類似於「潛在風險及緩解方案」，這部分內容只是爲了當有人提出關於風險的刁鑽問題時，可以告訴在場的人，相關問題已經考慮到了。

最後，**假裝應對不確定性**。在某些情況下，策略會議裡其實也會討論不確定性。例如，地緣政治風險正在威脅某個新興市場的銷售成長，或競爭對手會採取行業整合行動。討論過程中會涉及一些場景，並探討哪種場景更有可能或更不可能出現。之後會將一種場景選爲「基本情況」，這大概就是你聽到的關於不確定性的最後一件事。

當然，還有一些不應對不確定性就無法生存的企業。例如，在資產管理公司和其他金融企業，常常使用風險加權指標。不同點在於，他們主要的業務是調用資金。而在實體企業中，你還需要調用人，並且還關係到企業領導者的職業和聲譽。如果負責計算的人錯估風險，主管放棄資源，他們都會因此聲譽受損。

這些常見的做法和相關錯誤都會埋下伏筆，導致企業懷有不切實際的雄心，並最終制定出有硬傷的策略。

需要明確的是：設定大膽的目標並沒有錯。事實上，你需要大膽的目標，以便在經濟利潤曲線中向上移動。但這些野心抱負需要符合企業的實際狀況和不斷變化的經營背景。本書講述的就是如何設定大膽的目標，同時採取達成目標所需的同樣大膽的行動。

膽怯的計畫

麥肯錫最近對衆多大企業進行的研究顯示，超過90％的業務部門層面的預算都可從統計學上用前一年的預算水準來解釋。⑨多數公司因爲謹愼的計畫而進展緩慢。可是，膽怯的計畫如何才能與野心勃勃的預測和目標結合呢？首先，我們從人本身的角度來看。在制定眞正決策時，尤其是這些決策會對自己的家庭、職業或財富造成影響時，很多人都會規避風險。你或許曾經參加過銀行爲了判斷你是哪種類型的投資者而進行的調查。這些調查結果和行爲科學家展開的很多實驗都表明，我們多數人更願意放棄一個很大的好處，以規避一個很小的壞處。我們都不喜歡失去。

他非常抗拒風險。

但當個人的風險厭惡投射到公司策略時，就會出現問題。如果一家大型的多角化公司有很多投資者，且投資者本身也很多元，那麼這家公司的風險承受能力就會遠遠高於那些由中層主管把關計畫的公司。

經常可以看到，人們在策略會議裡幾乎不惜一切代價規避不利因素。重大行動很少會被提出，而且通過的機率更小。一家香港頂尖地產公司執行長曾經向我們抱怨，他手下的主管從來沒有提出過重大創意。當我們問他爲什麼時，他答道：「每當他們說話時，都無法清晰表達自己，所以我總是忍不到半分鐘就會打斷他們。」猜猜那些說話的人在下次會議上會怎麼做？

想想看，你見過多少部門經理在年度規畫時提出強有力的併購策略？你見過多少提議能夠眞正改變行業格局？這樣的事確實很少發生。策略會議裡的多數討論都是關於如何透過努力來多獲得幾個百分點的市場占比，或多擠出幾個百分點的利潤率。這樣可以顯示出進步。沒人會被炒魷魚！如前所述，我們會證明這種漸進式改進的觀念是一種謬誤。**更重大的行動不僅可提升你的成功機率，還能降低業績下滑的風險**。不過，規畫的氛圍中還是彌漫著對下滑風險的恐懼。我們調查的每10位高階主管中就有8人表示，其所在公司更願意證實策略決策流程中的既有假設，而不願嘗試新的假設。漸進式改進是常態，而非個案。

公司的「抹花生醬」方法

避免團隊衝突、「務實」開展業務、給予所有團隊成員「平等機會」、保持積極性——所有這些都有助形成資源黏性。企業規畫更像是你的早餐計畫：像在麵包上抹花生醬一樣，把資源攤薄到公司所有部門，確保無人遺漏。

「抹花生醬」模式幾乎已成爲預設模式，這樣一來，即便曲棍球桿效應可能實現，業務部門的負責人也很難獲得必要資源。我們的一家高科技公司客戶有一項核心業務，營收達到260億美元，該公司希望再推出另一項主要業務，公司甚至從研發部門騰出一些資源和資本預算。但後來，這家公司決定同時追求17個成長機會。隨後當某一家有吸引力的軟體服務企業傳出希望被收購的消息時（這有可能爲成長所需帶來新的主要業務），這家公司卻不具備完成這一交易所需的資源，因爲另外16位主管都把資源用於各自的專案上了。那筆交易，最終未能完成。

採取「抹花生醬」模式之後，公司幾乎就無法藉由重大行動，攀升至經濟利潤曲線的頂端。

瞄準已知

通常企業年度行事曆的最後待辦事項是激勵、獎金和晉升，這其中隱藏著膽怯計畫的另一個成因。我們肯定都渴望成功。但這就意味著多數人會大幅偏向P90計畫（即成功機率達到90％的計畫），而不是P50計畫（只有50％成功機率的計畫）。事實上，跟我們合作過的很多人都默認，他們只會給那些幾乎確信無疑的目標（P100）撥付預算，希望避免任何完全出乎意料的干擾。然而當我們詢問執行長，未完成的計畫占多高比例才算合理時，很多人都表示，如果計畫具有足夠的延伸性，一個領導者應該每三、四年會遇到一次計畫未能完成的情況，也就是P60到P75計畫。多麼不同的觀點！

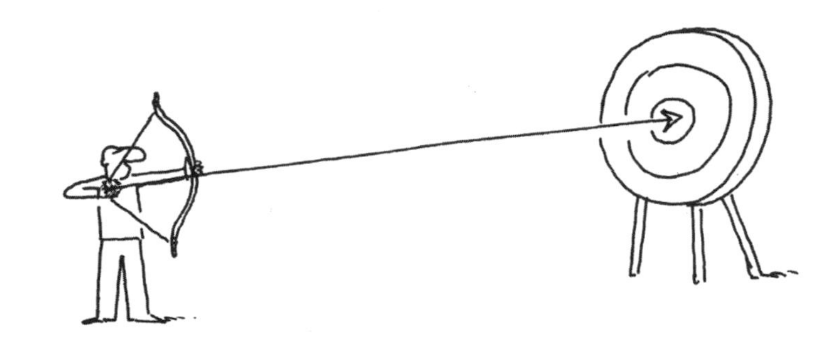

一家大型高科技公司（事實上就是我們剛剛提到的那家）的經營負責人最近告訴我們：「今年早些時候，我們因爲一個目標未能達成而遭到痛批。我不會再冒這種險——雖然我明白可能到年底會實現極佳績效，但還是先完成年度計畫再說之後的事吧。」問題是到那個時候，就沒有機會在年底前實現更遠大的目標了。

謹小慎微已經滲透到我們內心深處和決策流程之中，即便制定大膽的計畫也無濟於事。

但眞正令人困惑的是：儘管曲棍球桿計畫經常會催生「毛茸背」，但眞正的曲棍球桿效應的確存在。而這種效應，恰恰是企業在經濟利潤曲線中向上大幅移動的常規方法。

看看那條經濟利潤曲線：位於前五分之一的公司，平均獲利是中間三組的30倍。按照定義，向前五分之一移動，幾乎就是一項爲股東創造巨大價值的曲棍球桿計畫。這確實可能發生，但究竟應該怎麼做？

在策略會議裡，我們偶爾也會看到事情的本質和發展方向，
並制定真正大膽的計畫。你的工作是勸說我們不要這樣。

真正的曲棍球桿效應

請見下頁圖9。灰線是一家典型的公司——起初位於中間三組，10年之後依然如此。黑線起初幾乎在同一個地方，但用了10年時間躋身前五分之一。黑線確實像一根曲棍球桿——前4年下滑，隨後快速上升。

薩蒂亞．納德拉（Satya Nadella）之所以擔任微軟執行長，是因爲他實現了眞正的曲棍球桿效應。他在2011年獲得提拔，負責經營微軟的一項業務，其中包括該公司的雲端服務。當時的雲端服務只在他負責業務中占據很小的比例，而他負責的業務在整個公司算是中等規模。但納德拉發現其中潛力巨大，於是把幾乎所有個人時間以及大量個人資源都投入到雲端業務中。這項業務實現了快速成長，營收從幾億美元增加到幾十億美元，而納德拉也在2014年初被任命爲執行長。

圖9　**真正的曲棍球桿效應**

公司在經濟利潤曲線中躍升，實現真正的曲棍球桿效應

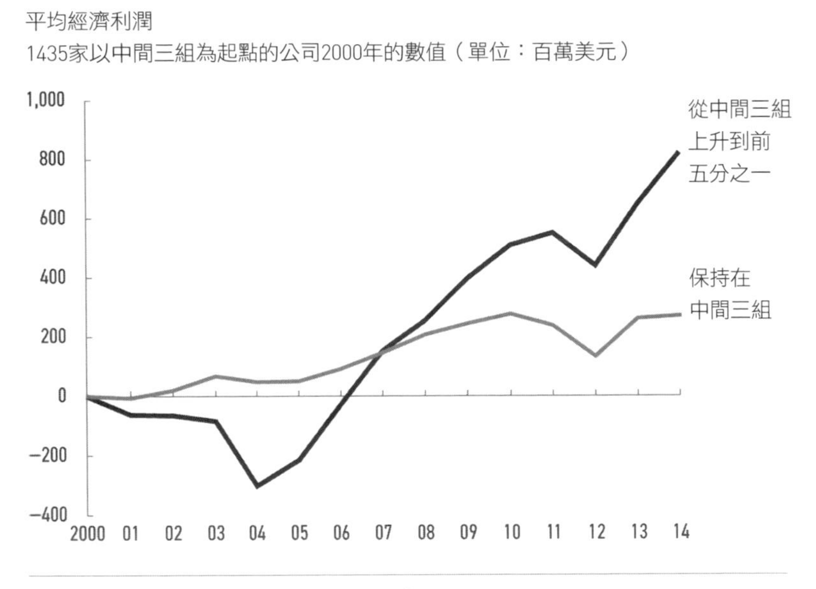

資料來源：McKinsey Corporate Performance Analytics™

恩智浦半導體（NXP）原先是飛利浦的半導體部門，在2006年分拆到一家私募股權公司。考慮到該行業「贏家通吃」的特性，當時公司的

最高層藉由激進方式重新分配了投資。恩智浦放棄規模龐大且享有聲望的領域，例如消耗大量資源的移動和數位晶片業務；同時公司對身分認證和汽車晶片大舉下注。該公司選擇的這些市場實現曲棍球桿效應，使公司市值在此後10年內實現5倍成長。

眞正的曲棍球桿計畫的確存在。問題在於，**如何從衆多似是而非的計畫中找到爲數不多的眞正計畫**。我們面臨的難題是，應該對每一個曲棍球桿計畫都持懷疑態度，但通常還是需要一份這樣的計畫，來實現在經濟利潤曲線中向上移動。那麼，究竟怎樣做才能在曲線中向上移動呢？

— 第 4 章 —

勝算有多大？

策略講究的是機率，而非必然。

機率是可知的：10年間，大約有8%位於

經濟利潤曲線中間部分的企業能躋身前五分之一。

但究竟哪些企業能做到這點？

旦你認識到策略的人性面所蘊含的危險，就需要一套新的典範。

想想撲克牌和高爾夫。通常來說，一個比賽中涉及的技巧越多（如高爾夫），就越不需要考慮勝算。如果與一名像伯納德・蘭格（Bernhard Langer）或羅里・麥克羅伊（Rory McIlroy）這樣的世界級高爾夫球選手比賽，我們肯定認爲自己永遠贏不了他們，甚至連一個洞都贏不了。而賽局中的運氣成分（不確定性）越大，就越要考慮勝算，比如撲克。打撲克時，我們不僅有機會贏世界級選手一把，例如曾創下世界撲克錦標賽14次奪冠紀錄的菲爾・赫爾姆斯（Phil Hellmuth），甚至偶爾還能在比賽中擊敗對方。的確有人成功過。從長遠來看，赫爾姆斯肯定能擊敗我們，並且他人多半會建議我們不要跟他較量，但從短期來看，我們確實有贏的機會。

請別誤解我們的意思。商業顯然是需要技術的，包含很多技巧，不能完全聽天由命，還要努力獲得所能利用的資產和人才。但商業也存在不確定性，而**策略就是爲應對不確定性**。你所制定的目標要能夠帶來最大的勝算，在這點上任何賽事和商業都一樣，你需要採取這種思維方式，而不應單純以成敗論英雄。如果5家公司都有80%的成功機率，這表明通常有1家會失敗。如果5家公司都有20%的成功機率，其中仍有1家可能勝出。如果我們整體來看這10家公司，發現其中有5家成功、5家失敗，那就不能以同樣方式看待每家公司。具備80%成功機率的策略顯然更好，無論最終成功與否，都應該受到褒獎。

當然，風險也應納入機率討論之中。如果你的勝算很小，但下注成本很低且潛在利益巨大，那或許仍是一項值得參與的投資，反之亦然。

如果投資成本極高，但卻極有可能見效甚微，那或許就是一個糟糕的想法。撲克選手把這種計算稱爲「底池賠率」（pot odds）。如果下注100美元只有20％機會讓你可獲得200美元，那就放棄。其實這相當於你花100美元賺40美元（200美元的20％）。但是，如果100美元讓你有20％機會贏得2000美元，那麼你會每次都下注，因爲這相當於你花100美元賺了400美元（2000美元的20％）。所以，對勝算的評估，包括競爭、市場、監管等因素，這些都需要納入計算。

別去想成功機率了。如果搞砸了，
我想知道我們保住工作的機率有多大。

2015年至2016年，萊斯特城足球隊在英超賽季的表現向我們證明，無論機率如何，一切皆有可能。這支球隊早年在英超曾經屬於後段班，後來不可思議地進入中段班，接著是前段班。不過運動彩經紀人仍然認爲，想讓該隊奪取2015年至2016年賽季的英超冠軍，比「貓王」（Elvis

Presley）活到現在的機率還低。然而，萊斯特城最終眞的奪冠了。[1]儘管這個過程很有趣，很多人將萊斯特城隊稱爲體育史上最大黑馬，但我們並不會把希望寄託於類似特例上。我們應該始終假設自己會遵循慣例。好吧，那勝算有多大？

可知的成功機率

我們列舉了相關資料並由此發現：以最高水準計，你的成功機率如圖10所示。這張圖顯示的是，以中間三組爲起點的公司，10年間在經濟利潤曲線上移動的機率。

圖10 **勝算有多大？**

從中間跳到頂端的機率為8%

公司百分比

總數＝從中間三組開始的1435家公司

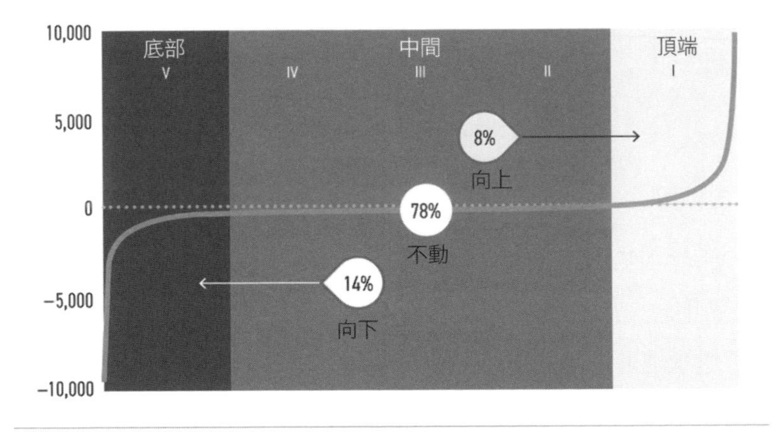

資料來源： McKinsey Corporate Performance Analytics™

10年間，你從曲線的中間三組移動到前五分之一的機率爲8％。

8％！我們好好沉澱一下思路。僅有不到十分之一的公司可以在10年內實現這個目標。而在10年前的策略會議裡，你可以想像有多少公司，爲實現這樣的業績提升進行籌畫。有的可能已經確信他們一定可以成功，多數計畫可能都會獲得批准。但眞正成功的還不到十分之一。哇，勝算太低了！下頁圖11採用另一種呈現方式。這個矩陣告訴你，不同起點的企業，最終移動到不同位置的機率。你應該開始熟悉圖上的那個數字8了——位於中間那一排的末尾，代表你從中間三組開始，最終到達前五分之一的機率。

接下來，再看淺灰色的對角線43—78—59，這顯示了整個過程中位置不變的機率。結果表明，整個曲線都很有黏性；任何公司想要實現移動都很困難。在中間部分的公司中，有78％在10年之後位置不變，後五分之一的公司原地踏步的比例則達到43％。

再來看最頂端的一排：這些公司起初位於頂部，有59％的機率在10年後仍保持現在的位置。嗯，不錯。但這意味著有41％的機率會沿著經濟利潤曲線向下移動，而跌至後五分之一的機率爲15％。[②]

現在，很多公司只會在中間三組的範圍內移動。透過努力來不斷保持和提升業績是非常重要的，藉由穩步提升自己在曲線上的位置，企業可以爲股東創造豐厚的報酬。不過，考慮到曲線本身不是線性的，巨大的跨越可以帶來指數級的提升。

各個業務部門在曲線中上下移動的機率，基本上與企業一致。當企業在曲線中大幅向上移動時，多半是因爲旗下的一項或最多兩項業務實現曲棍球桿效應。我們找出101家至少在曲線中向上移動一個五分位的企業，獲得它們業務部門層面的資料。結果發現，有三分之二的公司，只有一個業務部門實現業績提升。

圖11　**移動性矩陣**

你能到達的終點的機率，取決於你的起點

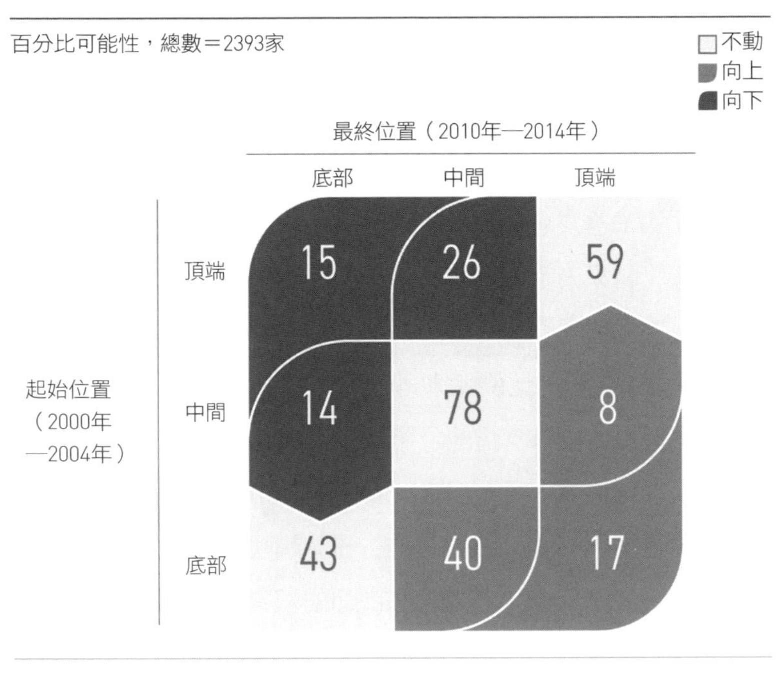

資料來源： McKinsey Corporate Performance Analytics™

思考一下。如果你的公司掌管10項業務，可能只有一項會在未來10年內實現曲棍球桿效應。**準確識別出這項業務並爲其提供所需的全部資**

源，最有可能決定一家公司整體能否在經濟利潤曲線中大幅上升。找到這「十分之一」很有必要，如果能夠認識到這一點，將對經營一家多角化企業的方式產生巨大影響。

想要制定一項能讓企業有機會在經濟利潤曲線中向上移動的計畫，最重要的一點是，**需要在衆多業務中選擇正確的支持對象**，它們實現眞正提升的機率爲十分之一，而你可能只需從中正確地選出一、兩項即可。

向上移動的「航線」

還記得我們之前針對星巴克和沃爾瑪進行的討論嗎？正如企業會透過截然不同的組合獲取經濟利潤一樣，企業在經濟利潤曲線上的移動也源自不同的「航線」，即長期的資本回報率和成長業績組合。

他總是猶豫不決，從不積極主動。

當企業在經濟利潤曲線中上下大幅移動時，這些航線就很壯觀。從海平面開始（2000年至2004年，中間部分的企業，每年平均初始經濟利潤爲1100萬美元），移動到頂部之後，平均會多產生6.28億美元的年度經濟利潤，對應8.9個百分比的資本回報率。幾乎一年增加一個點。

上升時飛得高，下滑時摔得也很慘：向下移動的企業，年度經濟利潤平均損失4.21億美元，資本回報率減少4.5個百分點。

- 如果你在成長和資本回報率上都表現不佳，那就幾乎沒有機會起飛了。事實上，你有27%的機率，從中間三組滑落到後五分之一。
- 高成長加上低於中等的資本回報率提升水準，可以爲你提供很小的上升機會，但無法大幅降低下行風險。
- 一份只著眼於業績的策略，重點是關注資本回報率的提升，但並沒有帶來高於中等水準的成長，這顯然是在「求穩」。你幾乎不可能向下移動，但向上移動到前五分之一的可能性只能達到樣本的平均機率，也就是8%。
- 而當成長和資本回報率能夠相互呼應時，奇蹟就會發生。如果這兩大槓桿都表現優異，企業向上移動的機率就能大幅增加到19%。這種規模收益的遞增看上去很重要，每一點增長都能讓企業變得更大更強。基於普遍可分享的智慧財產權構建的資產、具備網路效應或平台效應的資產、具備較高固定成本且能帶來巨大規模經濟的資產，其規模收益往往都會不斷遞增。

圖12 **勝算vs業績概況**

資本回報率和成長是最好的組合

中間三組公司的機率，總數＝1435家

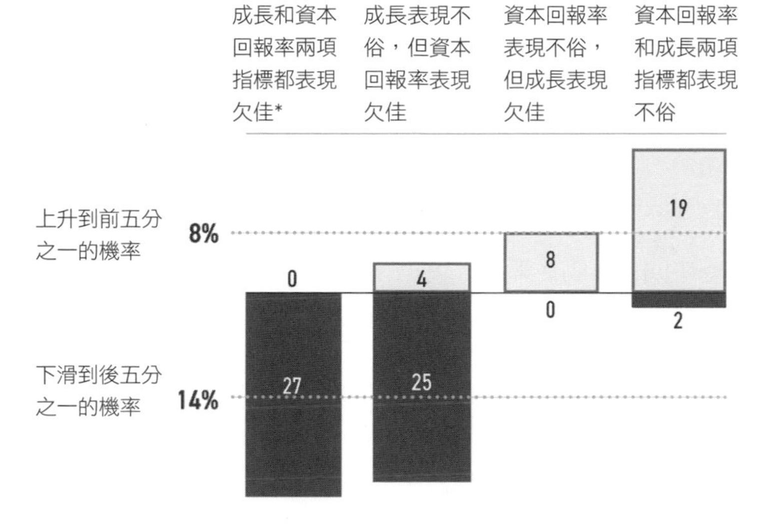

*相對於樣本中位數

資料來源：McKinsey Corporate Performance Analytics™

這些資料對你有何意義？**如果你的曲棍球桿計畫沒有同時考慮成長率和資本回報率提升，或許就應該更深入地思考一下你的計畫**。躋身前五分之一的難度會超乎你的想像，而通往頂端的航線也凸顯出這一挑戰。

三家公司的故事

接下來看看這三家公司的情況，可幫助我們了解企業所能採取的不同航線，如右圖13所示。精密鑄件公司（PCC）是美國一家精密飛機零組件製造商（順帶一提，該公司過去幾年歸巴菲特的波克夏．海瑟威公司所有）。聯合天然食品公司（UNFI）是美國一家天然有機特色食品及相關產品經銷商。大日本印刷公司（DNP）則是日本一家知名報紙出版商。我們選擇這三家公司，是因爲它們在2000年至2004年期間都是身處經濟利潤曲線中間部分的「鄰居」，但後來的發展卻大相徑庭。精密鑄件公司向上移動，聯合天然食品公司原地不動，大日本印刷公司出現下滑。

精密鑄件公司實現眞正的曲棍球桿效應，直接躋身前五分之一，其股東報酬總額的複合年成長率達到27%。公司藉由四大行動對一個發展順利的行業加倍下注——航太和國防。聯合天然食品公司在曲線的中間位置原地不動，公司集中精力提高生產力，以此抵消行業不利趨勢的影響。大日本印刷公司滑落到後五分之一，因爲其選擇透過資本支出和併購，大舉投資一個遭遇強勁阻力的行業——從那時開始，印刷業就不斷受到數位媒體衝擊。

可以從很多角度來分析這種現象背後的原因，我們今後也會對其中的一些企業進行回訪。但幾乎可以肯定的是，2001年，在每一家公司的策略會議裡，領導者們都在計畫向曲線頂端移動。他們都在審核曲棍球桿計畫。

圖13 **三家公司的故事**

PCC、 DNP和UNFI起點相似，但終點卻截然不同

平均每家公司的年度經濟利潤

百萬美元

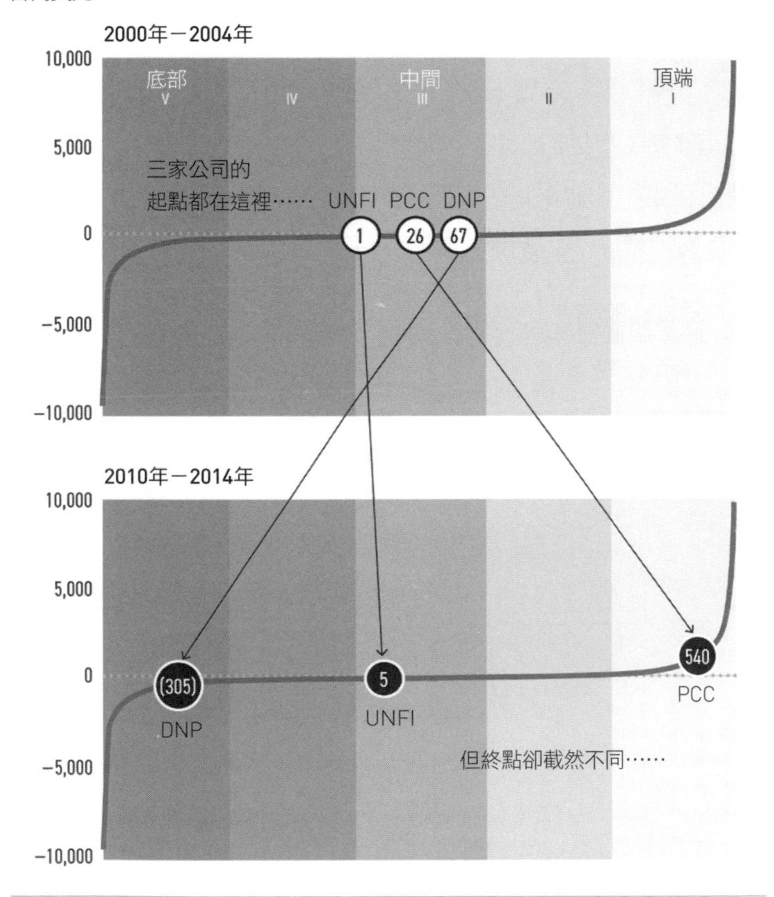

資料來源：McKinsey Corporate Performance Analytics™

這三家都是好公司。在整個經濟利潤曲線上，所有人都面臨業績壓力，他們的期望很高，也都在爲更美好的未來努力奮鬥。然而就像精密鑄件公司、聯合天然食品公司和大日本印刷公司的案例一樣，並非所有人都能夢想成眞。更重要的是，並非所有人都有同樣機會實現目標。事實恰恰相反。請看圖14。我們確實有點跳躍，但請暫且相信我們。試想一下，你有一個模型，可將一家公司可量化的屬性轉化成調整後的（或有條件的）機率，用以顯示其成功機率。我們已經這麼做了！根據我們的模型輸出結果，即使平均數是8%，中間三組的公司進入前五分之一的機率不僅各不相同，且實際差異十分巨大。

圖14 **勝算範圍很廣**

他們本來可以知道

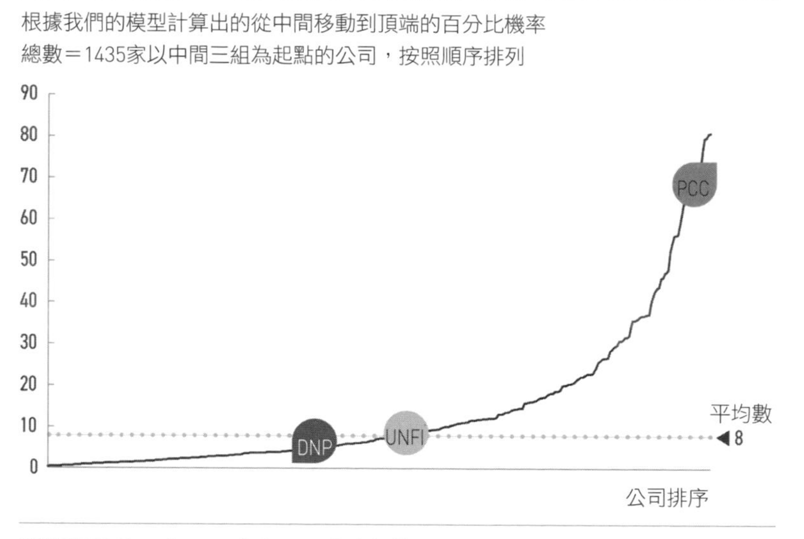

資料來源：McKinsey Corporate Performance Analytics™

正如我們所列舉的三家公司命運迥異一樣，中間三組的公司起初成功機率差異很大，而結果也印證這些機率。這是不是很有趣？雖然平均機率只有8%，但每家企業的具體機率卻大不相同，最低接近於0，最高則超過80%。如果每家公司在經濟利潤曲線中向頂端攀升的機率如此不同，那麼顯然，執行長、業務主管和投資者們面臨的問題就是：**這些機率只能事後計算嗎？能否提前知曉**？

接下來，我們會用很大篇幅探討這個問題，以及企業領導者能夠藉著哪些措施來改變其機率。不過，還是先從一個簡單問題開始吧：在討論計畫的過程中，成功機率爲什麼沒有出現在策略會議裡？

策略會議裡的機率哪去了？

策略會議裡的對話，通常與我們一家消費品客戶的情形相似。該公司的原有營收爲180億美元，希望在此基礎上實現兩位數成長。公司做了大量規畫，期望似乎也很合理，但眞正的成功機率並未提交到策略會議。這項計畫是基於內部視角制定的，採用了從各個業務部門自下而上匯總的估算資料。

但一項直截了當的研究，促使公司重新考慮。公開訊息顯示，在與該公司處在相同營收區間的同行中，只有10%在10年間實現了持續的兩位數成長。[3]於是，問題變成了：他們的策略，眞的優於90%的同行嗎？果眞如此嗎？是什麼讓他們脫穎而出？要知道，過去5年裡該公司的成長率爲5%，僅處於行業的中位數水準。說實話，在策略會議裡提及眞正的成功機率，並不太受管理團隊歡迎，但他們確實用一些重要方式重新調整對話。一位高階主管表示：「我們不知道價值創造計畫，居然只集中於這麼少的幾個領域。」

想不想打賭沒人敢提機率？

雖然在經濟利潤曲線上移動的統計資料簡單明瞭，但策略會議裡卻很少討論機率問題。前五分之一的公司，往往認爲他們天生屬於那裡，畢竟他們爲此付出努力並形成引人注目的競爭優勢，他們爲什麼不能成爲常勝將軍？同樣地，中間三組的公司往往認爲可以向上移動，當然他們也有可能掉到後五分之一的行列，但是何苦要考慮這種可能性呢？我們總共見過數百份策略規畫，並從中觀察到一個現象：在制定策略計畫時，曲線頂端的企業談及下滑趨勢的頻率，遠遠低於我們在本書中統計的實際資料。有的計畫的確提出下滑的可能性，但比例遠不及我們在現實中觀察到的40%左右。**機率讓人們清楚地認識到風險，損失厭惡便隨**

之出現。直視風險會讓人們風聲鶴唳，即使是在我們希望他們承擔更多風險的時候。而這就會出現問題。

爭取確定性

在策略會議裡，人們往往會**爭取確定性，而不是勝算**。人們一開始往往會提出很多想法，然後透過測試來進行篩選。一旦出現一些清晰的假設，他們就會對其進行測試和試驗以降低不確定性。這種做法並不總是能成功，否則也不會出現「毛茸背」了，但我們肯定會進行嘗試。強迫自己從勝算的角度予以思考，有悖於人們追求確定性的意願，也不符合目前形成的一種共識——當我們離開策略會議時，都會達成統一的計畫，做好執行的準備。一位義大利的執行長曾對我們說：「我應付不來多重現實。」在被迫考慮許多可能的未來場景時，他說，「我更願意選擇我們身處的這個世界。」告訴人們「你做這個，你做那個」，比生活在不確定的機率世界裡容易得多。考慮機率因素之後，KPI就更加難以確定。

試算表也不是為機率和區間設計的，而是為具體數字設計的，所以很難處理這種情況：某個值有75％機率處在X和Y之間——乘以公司預算中的成千上萬個儲存格。前美國總統杜魯門有句名言：他想要一個只有一隻手的經濟學家請益，才不會告訴他「一方面是這樣，另一方面是那樣。」當策略會議裡的人們想要結束討論時，你或許會聽到類似觀點：「現實生活可不是情境劇。做個決定吧。」「向左還是向右，請決定。」「機率？我不關心你在你的辦公室裡做什麼，但在這裡，請把你的想法告訴我們。」偏袒也會出現，這同樣與機率不合。一旦我們決定不在分配資源時採用「抹花生醬」方法，轉而支持那些最有前景的業務部門，那就不僅選出贏家，同時也選出輸家。但沒有人喜歡輸。我們都知道人們會奮力保護自己的資源，我們也都傾向保護自己的朋友、對自己忠誠的人，或者同時具備這兩種特質的人。

第三隻小豬想建一個讓狼進不來的磚房。但另外兩隻小豬覺得這樣做會消耗他們的預算，所以阻止了第三隻小豬。後來，這三隻小豬都被狼吃了。

引入勝算思維，會導致業績評估變得極其複雜。這種情形就像FBI獲報有個犯罪團體要搶劫三家銀行中的一家，於是辦公室負責人派遣幾支小分隊分別前往這三家銀行捉拿劫匪。顯然，只有一支小分隊能成功抓住劫匪，但整個部門都應得到表彰和獎賞。我們知道，多數時候只有在正確時間待在正確地方的人，才有機會成爲英雄，並獲得讚譽和獎勵。

你的數字代表你

知名美式橄欖球教練比爾．帕索斯（Bill Parcells），用一句話很好地闡明這個道理：「一切用成績說話。」[4]換句話說：別再宣揚精神勝利，別再抱怨受傷，也別再安慰球迷說我們會取得更好的成績。

即使你能讓你的業務管理團隊從機率角度來思考問題，等到年底進行績效評估時，這些機率也有可能被人遺忘。一切都得看業績。

皮克斯動畫工作室總裁艾德．卡特莫爾（Ed Catmull），曾經認眞考慮過如何讓「雖敗猶榮」這件事成爲可能。他把一些專案項目貼上「實驗」的標籤，不舉行盛大發布會，以此來鼓勵人們嘗試風險更大的想法。他還資助一些被視爲「不可能」的想法，這樣一來，失敗就不會影響人們的名聲。但他也承認：「我們必須格外努力，這樣即使失敗也會安全一些。」[5]如果你要使用機率，還必須能夠進行精確的校準——這是一個非常艱巨的任務。各個業務部門的負責人都希望提出「P90計畫」（即擁有90％成功機率的計畫），縱使該計畫在執行長眼中只是P50，僅有50％成功機率。結果往往是無聲的妥協：設置延伸目標，但要附帶基準線預算，因此如果達到基準線目標就要支付初步的績效獎金。換句話說，執行長獲得延伸目標，但主管團隊也會獲得一些幾乎總能達成的更軟性的目標。問題是，該公司最終可能不會推進具有恰當雄心的專案，也就不會爲其提供相應資源，以在經濟利潤曲線上實現有意義的向上移動。

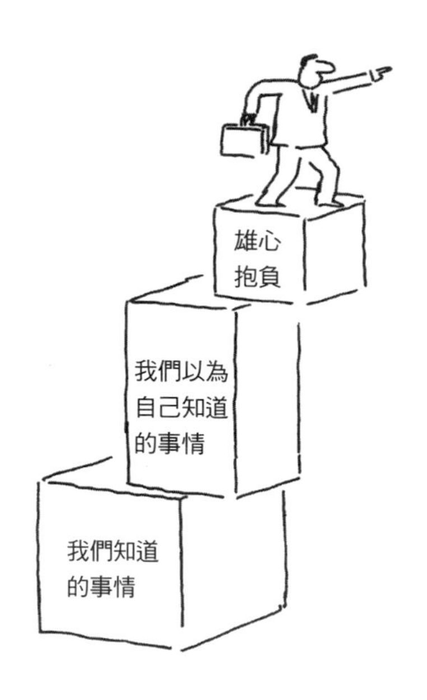

執行長需要知道眞正的勝算機率，並且相應地調整目標和薪酬。年初設定合適目標很難，年底釐清因果關係也很難，你的身後塵土飛揚，很難從後視鏡看清走過的路。成功究竟是源於主管層的決策和出色執行力，還是競爭對手的錯誤和原本就有利的市場？出現問題，是因爲糟糕的天氣扼殺重要旺季的需求，還是管理者誤判了客戶？不過我們都知道，主管會如何回答這兩個問題。董事會有可能做出正確的決定，2005年就有這樣一個突出的案例：康寧公司（Corning Inc）的董事會任命魏文德（Wendell Weeks）爲執行長。儘管魏文德領導的光纖業務，在2001年的網路泡沫破滅期幾乎把康寧推到崩潰邊緣，但董事會依然做出這一決定。他們準確地把2001年的問題歸咎於不斷惡化的市場環境，而非業務管理層的表現。幾年後，魏文德成爲美國最受尊敬的企業領導者之一，帶領康寧成為全球液晶顯示器玻璃領域的頭號企業，而且還在「大猩猩科技」（Gorilla Technology）的幫助下，坐上智慧型手機保護玻璃領域的頭號寶座。你可以根據自己的經驗判斷，但令我們感到沮喪的是，從董事會和執行長總是無法準確判斷業績歸因的角度來看，康寧董事會的這種明確判斷或許只是一個例外而非常態。

那麼，我們現在處在什麼位置？

在本章中，我們第一次帶你一窺策略的勝算，即**一家公司在經濟利潤曲線中向上或向下移動的機率**，並讓你了解到每家公司的具體機率存在巨大差異。我們也看到，應對機率問題是企業領導者的一大挑戰，但不恰當地應對這些問題，也是人性賽局得以展開的原因之一。

現在，在經濟利潤曲線中向上移動的「平均」機率已經呈現在策略會議裡，接下來的問題很明確：你所在公司成功的機率有多大？你可以透過哪些行動提高勝算？如何才能改變自己擊敗市場的機率？

我們告訴客戶，如果一項計畫確實有機會實現真正的曲棍球桿效應，讓企業從經濟利潤曲線的中間移動到頂端，那就應該有一項在競爭中脫穎而出的神奇元素。我們開玩笑說：如果想要相信一項計畫真的能實現曲棍球桿效應，「你就得能夠經由視訊電話會議，嗅到這種特殊的味道。」在下一章，我們將開始詳細闡述如何找到這樣的計畫。

我知道我們需要做什麼，但我還是忍不住要翹起二郎腿。

第5章

如何找到真正的曲棍球桿計畫

我們可以藉由利用自己的優勢、把握正確的趨勢，
以及最重要的是可以採取一些重大行動，
來改變策略的成功機率。

對於如何制定成功的策略，幾十年來一直都不缺相關建議。但我們似乎仍會面臨同樣的困擾：如何才能區分策略的好壞？如何讓團隊齊心協力？如何執行重大的策略決策？我們之前有位董事總經理曾寫過一篇論文[①]，指出組織在進行資源再分配時存有慣性，而且缺乏靈活性。不過那可是發表於1973年的論文！那爲什麼直到現在，我們還面臨著同樣難題？

這次有何不同？

你的書架上可能塞滿各種各樣講述策略的書籍，但這些書幾乎都有一個通病：經不起檢驗。如果一條建議只有趣聞軼事可供佐證，或者只是基於案例研究，我們如何才能知道它是否有效？根本沒有任何方式來量化或檢驗這些想法，正因爲如此，才有大量優秀公司在那麼短的時間內土崩瓦解。[②]如果你曾經掃視在管理者書架上出現頻率最高的三本書——《追求卓越》（*In Search of Excellence*）、《基業長青》（*Built to Last*）和《從A到A+》（*Good to Great*），就會發現這些書籍使用同樣方法來總結策略方面的經驗教訓。這些書籍收錄了「偉大」「卓越」或「經久不衰」的企業，並試圖推斷出這種偉大、卓越和經久不衰背後的公式。這樣做的假設是，透過模仿這些公司的做法，就可實現與之類似的成就。[③]這些書肯定都是好書，一千多萬名讀者不可能有錯，而且其中列舉的企業都很了不起。然而，再看看書裡提到的50家企業在之後幾十年的表現吧。如果你在這些書出版時建立一個囊括這些企業的股票投資組合並持有，那收益率可以超越大盤指數1.7%。嗯，還不錯。《從A到A＋》排名第一，比市場績效好2.6%；其次是《基業長青》，比市場績效好1.6%；《追求卓越》比市場績效好1.5%。但從單一公司的表現來看，這50家公司的股價戰勝市場的機率只有52%，並不比拋硬幣更好，且大幅落後市場的比例遠高於大幅戰勝的──僅有8家公司比市場好5%以上，而落後市場5%以上的公司有16家。

這些書開出的「藥方」的確言之有理，但表述卻有些含糊，或者太局限於具體哪家公司，而且很難把可以獲勝的想法與不那麼重要的想法區分開來。例如，《從A到A＋》認爲執行長必須成爲第五級領導者[❶]。其中一項標準是，領導者必須選擇一個同爲第五級領導者的繼承人。被譽爲最佳領導者典範的傑克．威爾許就做出卓越選擇，在2000年任命傑夫．伊梅特（Jeff Immelt）接替他出任通用電氣執行長。不幸的是在威爾許領導下，通用電氣已經變成一家金融公司，在2008年金融危機中變得極其脆弱。雖然伊梅特重組通用電氣，還砍掉容易出現風險的部門，但通用電氣股價還是在伊梅特執掌的16年任期內落後市場。一個公認的第五級領導者選擇了另一個公認的第五級領導者，然而該公司股價仍然落後市場。就算是世界級的第五級領導者也會被「環境」擊倒。而在這個案例中，環境是「金融危機」。

很多關於策略的想法都提供一面回顧歷史的鏡子，幫助我們理解某件事失敗或成功的原因，但眞正重要的是找到一種方法來窺見未來，而非回顧過去。知道昨天的樂透彩中獎號碼，根本無濟於事。

❶：既有謙遜個性，再加上專業意志力，透過這個矛盾的組合，建立起企業持久的卓越性。

這裡就是我們決定忽視所有不順眼數據的地方。

檢驗事實

正因爲如此，我們才強調要使用可以檢驗的深度資料。我們根據世界各地數千家企業的公開資料核對很多假設，這幫助我們找到那些眞正影響企業業績的重要因素。我們回測這些資料，驗證我們的模型在預測策略成功率方面驚人的準確率。我們在世界各地的工作中應用了這種分析，發現的確能夠促成更好的策略對話。

與標準的內部視角採用的資料不同，我們的研究所參考的資料具有多樣性，取自大量樣本，重點關注機率，並且透過自上而下的方式進行校準，因此可有效排除人性面因素帶來的干擾。

我們已經解釋了實證研究是如何得出平均機率的，但是現在要根據企業的具體屬性來估算某家公司的具體機率。這樣就得到了一種方式，讓你可以在機率世界裡調整策略，這相當於爲策略設定一張積分表或一個基準。了解了哪些屬性最爲重要，現在我們就可以提前對一家公司的策略品質進行預測了。

當然，策略的人性面不會自動消失，但以不同方式來計分可幫助你改變對話內容。

真正重要的機率：你自己的機率

我們已經指出，從經濟利潤曲線中間移動到頂端的成功機率爲8%。但除非你是理論上的平均數公司，否則8%對你沒有太大幫助。事實上，你更想知道自己的公司和策略，在經濟利潤曲線中向上移動的機率。我們可以在其中增加一些屬性來做到這一點，就像數學家托瑪斯．貝葉斯（Thomas Bayes）幫助我們理解條件機率那樣：[4]我們越了解一家企業，對其成功機率的估算就越精確。

我們可以做個簡單類比：如果我們只知道對方是一個人，那麼估算他或她的年收入時，最好是使用全球平均數，大約每年1.5萬美元。如果再增加一些資訊，例如這是一位美國人，那麼我們的估算就會變成美國的人均收入，約5.6萬美元。如果再增加一條資訊，知道對方是一名美國男性，55歲，那麼估算值就會變成6.45萬美元。如果他來自科技業，那估算值就增加到8.6萬美元；如果我們知道他是比爾．蓋茲，那就遠高於這個數字。

我們在評估企業的成功機率時也會採取這種方法。爲了闡述這一理念，先來看看上一章提到的，在經濟利潤曲線中處於相同起點的幾家公司。根據平均機率，它們都有8%的可能上升到前五分之一，但事實上它們的命運可能各不相同。它們能否提前知曉自己的命運呢？確實可以。當我們對這些公司建立模型時，發現大日本印刷公司有69%的機率滑落到後五分之一，而它確實滑落了。聯合天然食品公司有87%的機率保持在中間部分，事實也的確如此。精密鑄件公司有76%的機率上升到曲線頂端，事實上該公司也確實做到了。

我知道在經濟利潤曲線中向上移動很困難，
但別忘了，我有30年坐公車上下班的經驗。

當然機率並非命中註定。如果4家公司有76%的機率躋身前五分之一，仍然意味著當中有1家無法得償所願。面對這種情況，我們也無可奈何。但76%的機率與8%的平均機率差異很大，可以讓企業更有信心來支持一項策略。而很多企業給自己的發展機會非常渺茫，他們最好還是在走進死胡同之前知道這點。如果你是那個擁有76%成功機率但卻最終未能成功的人，那麼知道自己做了正確的事，沒有因此被嚇住以致不敢再次大舉下注，也是非常重要的。

即使你知道自己的整體機率，也需要明白哪些特質和行動對你的成功最爲關鍵。這種認識可以指引你制定決策，讓你知道應該在哪方面努力，以便公司獲得在經濟利潤曲線中上升的最高機率。

《經濟學人》[5]曾經發表過一篇有趣的文章：〈如何製作一部賣座電影〉（How to make a hit film），裡面闡述了一個有趣觀點：我們不光能預測成功機率，還能知道哪些因素可提升機率（參閱下頁圖15）：

1983年，知名編劇威廉．高德曼（William Goldman）在被問到如何預測哪部電影能在票房上取得成功時，他說：「無人知曉。」從此成爲好萊塢的一句名言。

爲了解這句話現在還有多大效力，我們分析了1995年以來在美國和加拿大發行的二千多部預算超過1000萬美元的電影票房資料，希望看到哪些因素，有助催生出一部賣座電影。

我們經由分析得出一個能夠最大限度吸引觀眾的公式。首先，創作一部兒童喜歡的超級英雄片，要有很多動作場面，還要留有懸念，以便將其打造成一部系列影片。其次，設定引人注目的預算，但不要魯莽地抬高到8500萬美元。說服一家大型電影公司在夏季時集中發行該片（這一時段上映的影片，比其他時段的票房平均高出1500萬美元）。最後，找兩個有實力但票房號召力一般的演員擔綱主演，他們的片酬不會太高。輔以影評人和觀眾的合理評論，你的影片大約就能在美國獲得1.25億美元的票房。但這只能賺錢，賺不來口碑：這種影片獲得奧斯卡最佳影片獎的機率只有五百分之一。

圖15　**如何製作賣座電影**
超級英雄，超級票房

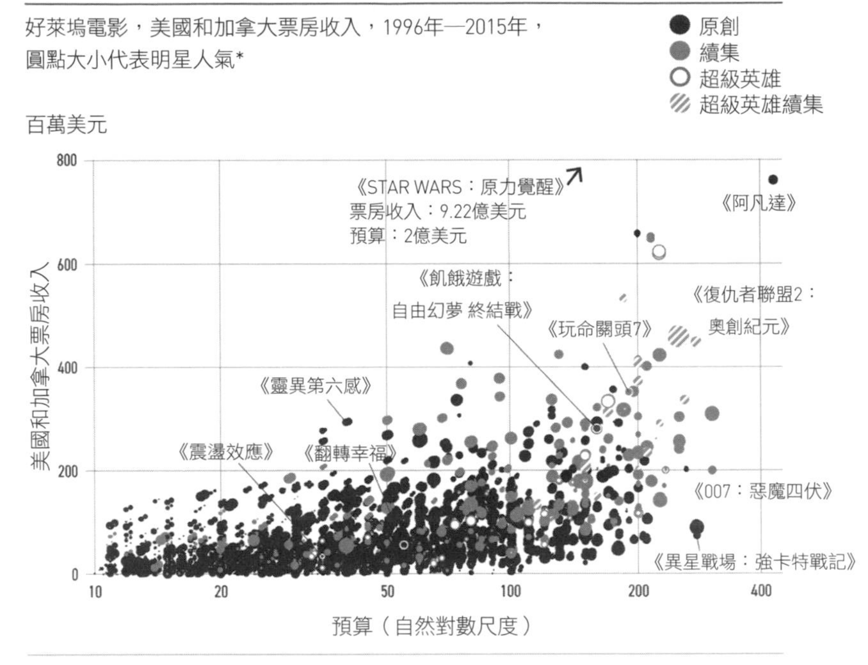

*一線演員拍攝的非續集電影過去5年的票房收入
資料來源：《經濟學人》

讓我們把視角從電影票房，轉回到策略會議：優秀的策略，都有哪些相似屬性？

10大槓桿

我們此次選取2393家大型企業的業績資料，時間跨度達到15年，涵蓋127個行業領域，橫跨62個國家或地區。結果發現，**10大槓桿最能決定你的成功機率**。我們研究了40個變數，發現其中的10個至關重要。在用模型對這2393家企業進行回測時（我們有足夠資訊將它們放在經濟利潤曲線的相應位置），我們發現，在預測企業10年間在經濟利潤曲線上的移動時，按照它們在10年後是處於頂端、中間還是底部做出的預測，其準確率達到86%。

這10個績效槓桿大概都不會令你太過意外，它們其實都已經出現在你的主題清單中。但是在完成實證工作之後，我們才對其有了眞正了解，在此之前一直都不清楚這些變數的重要性，以及需要在這些方面採取何種行動才能產生眞正的影響。我們的研究還表明，有些事並不像你想像得那麼重要，並不會對企業在經濟利潤曲線上的移動產生重大影響。被捨棄的變數包括過去的營收成長、行業或地域多元化的提升或降低。

正如我們之前所指出的，這並非另一套框架，但爲了便於使用，我們決定將這10個槓桿分爲3類：**優勢**、**趨勢**和**行動**。一旦得到這些槓桿，就能更好地理解並提前知曉自己眞正的成功機率，也可以針對策略和執行面採取相關措施。優勢是你的起點。趨勢就像風一樣，既能讓你乘風破浪，也能讓你逆風而行，還可能會從側面對你猛擊。行動是你採取的措施。優勢、趨勢和行動，就像策略的三原色。現在，我們只要把它們適當地組合起來即可。

我們會詳細介紹這10個決定成功機率的槓桿。但我們需要先解釋一下它們的作用，這樣一來本書的剩餘章節就會簡單得多。首先，它們都是相對於樣本中的其他公司來衡量的，也就是說，關鍵不在於你有多聰明，而在於你比其他參加測試的孩子聰明多少。如果他們完成所有家庭作業，你也應該完成，而且還應該做得更多。其次，想要獲得提升，就必須超過上限臨界值（upper threshold），我們會向你指出這些臨界值在哪裡。這是一種二進位，與經濟利潤曲線本身非常相似。多得一分似乎影響不大，你應該努力晉級。向下移動同樣如此。沒錯，當你低於臨界值下限時，一個糟糕的得分也會把你拖累。好的，我們現在可以開始了。

優勢

當企業考慮自己的起點時，往往會看損益表或市場占比，但最能決定你的優勢的3個變數其實是：**企業規模（營收）**、**債務水準（槓桿）**，和**過去的研發投資（創新）**。

（1）**企業規模**。企業越大，就越有可能提高自己在經濟利潤曲線中的位置。這似乎對規模較小的企業不公平，也與我們看到的新創公司的成功故事不符，但從經濟利潤曲線的範疇來講，規模的確可以從絕對值上放大業績提升的影響。我們的研究發現，要在這個變數上獲得重大優勢，公司的總營收需要進入前五分之一。在今天，這意味著年營收大約要超過75億美元。不過，如果沒有達到這個水準也沒關係，這只是意味著從目前在經濟利潤曲線中上升的機率來看，你無法獲得規模上的優勢。我們可以藉由一組資料來說明這個門檻提高得有多快：10年前，33億美元的年營收即可進入規模最大的前五分之一。

（2）**債務水準**。你當前資產負債表中的槓桿率數值，與在經濟利潤曲線中向上移動的機率負相關。也就是說負債越少，就越有機會向上移動。借債能力顯示了你藉由投資把握成長機會的空間。這裡的關鍵在於，你的債務股本比率要足夠有利，使你能夠進入所在行業的前40%。

（3）**過去的研發投資**。這顯示你已經投資以及可能必須進行投資的領域。按照研發費用與營收的比例計算，你需要處在行業的前二分之一，才能大幅提升在經濟利潤曲線中向上移動的機率。很多人對公司研發部門所實現的投資回報表示質疑，對他們來說，看到研發投入能取得回報，或許會帶來一些安慰。

趨勢

趨勢方面的兩個關鍵指標是**行業趨勢**，以及**在成長地域的曝光率**。如果你的行業在行業經濟利潤曲線中向上移動，你也有可能順風順水。如果你在一個處於成長之中的地域經營業務，你也會因此獲益。但身處正確的國家或地區，並不像身處一個向上發展的行業那麼重要。

（1）**行業趨勢**。你所在行業的趨勢是10大槓桿中最重要的一個。如果你要適應行業的發展，需要在10年時間內至少在行業經濟利潤曲線中向上移動一個五分位。我們使用的指標是行業內所有公司的平均經濟利潤成長率。這就像水漲船高一樣。

（2）**地域趨勢**。這裡的關鍵是要處於那些名義GDP成長排名前40%的市場之中。對於涉足一個以上地域的企業來說（資料庫中的2393家企業多數都是這樣），應該根據你從每個地域獲得的營收比例，來計算公司整體GDP成長率。很明顯，處於成長較快的市場可以帶來收益（但同樣有趣的是，在很多關於長期策略的討論中，整體的宏觀環境只是一個註腳）。

行動

根據曲棍球桿效應，很多計畫都要求營收成長與GDP成長相當，或者比GDP成長高出兩個百分點。事實上，這種方式能夠讓我們在10年時間內從經濟利潤曲線的中間三組上升到前五分之一。但請記住，只有很少一部分曲棍球桿效應的預測能夠實現。其他公司也在追求類似的策略，而市場競爭會經由降低價格和增加服務來壓制這種提升。客戶會從中獲益，但你最終只得到「毛茸背」。

我們的研究發現，人們一直探討的5種行動有助於你實現目標，而它們組合在一起的效果最好。我們會在後面進行具體分析。現在介紹的是我們發現的5項重要行動：

（1）**務實的併購**。這項行動令人意外，因爲人們以爲，研究表明多數併購交易是失敗的（這其實是錯的），而且他們也反對賭注型交易

（這是對的）。成功的關鍵指標是「務實的併購」，這是一系列連貫的交易，每筆交易的成本都不超過公司市值30%，但10年時間裡卻可爲你增加至少30%的市值。

（2）**動態配置資源**。我們的研究發現，當以健康的狀態重新分配資本支出時，也就是爲能夠實現爆發式成長且在經濟利潤曲線中實現大幅上升的部門提供資源，同時對那些起色不大的部門減少資源供給，企業更有可能成功。這裡的基準線是在10年內把至少50%的資本支出重新分配給相關業務。

（3）**加強資本支出**。如果公司的資本支出占營收的比例處於所在行業的前20%，你就達到這個槓桿的標準。這通常意味著達到行業中間值的1.7倍。這可絕不是一個小數字。

（4）**生產力改進**。大家都在努力降低自己的成本，包括削減日常開支，提高勞動生產力。問題是，你提升生產力的速度能否始終比競爭對手快。我們的研究發現，提升速度至少要達到所在行業的前30%。

（5）**差異化改進**。想要利用商業模式創新和定價優勢來提升在經濟利潤曲線中向上移動的機率，你的總利潤需要躋身所在行業的前30%。這項指標可判斷一家公司能否因產品差異化和創新，而實現可持續的成本優勢或收取溢價。

全都很重要

下頁圖16針對以中間三組爲起點的企業，概括了這10個槓桿（對於以前五分之一或後五分之一爲起點的企業而言，變數是相同的，但價值有一些差異）。可以看看向上移動的機率在每個變數的不同臨界值區域發生的變化，由此判斷這些槓桿的相對重要性。

例如，如果你的公司把握住一個行業大趨勢（你所在的行業10年間在行業經濟利潤曲線中至少向上移動一個五分位），那麼從中間上升到頂端的機率就是24%。

然而，只有位居中間三組前20%的公司才能借勢而上。如果你像樣本中50%的公司一樣處境不利，向上移動的機率就只有4%。行業趨勢處於中等水準的公司中，30%的公司有10%的上升機率。我們將所有這些資料與中間分組企業8%的綜合機率進行對比。

圖16 **10個變數的影響**

你的得分會在8%的基本移動率的基礎上，提高或降低你的成功機率

向上移動的機率百分比

總數＝1453家以中間三組為起點的公司，按照順序排列

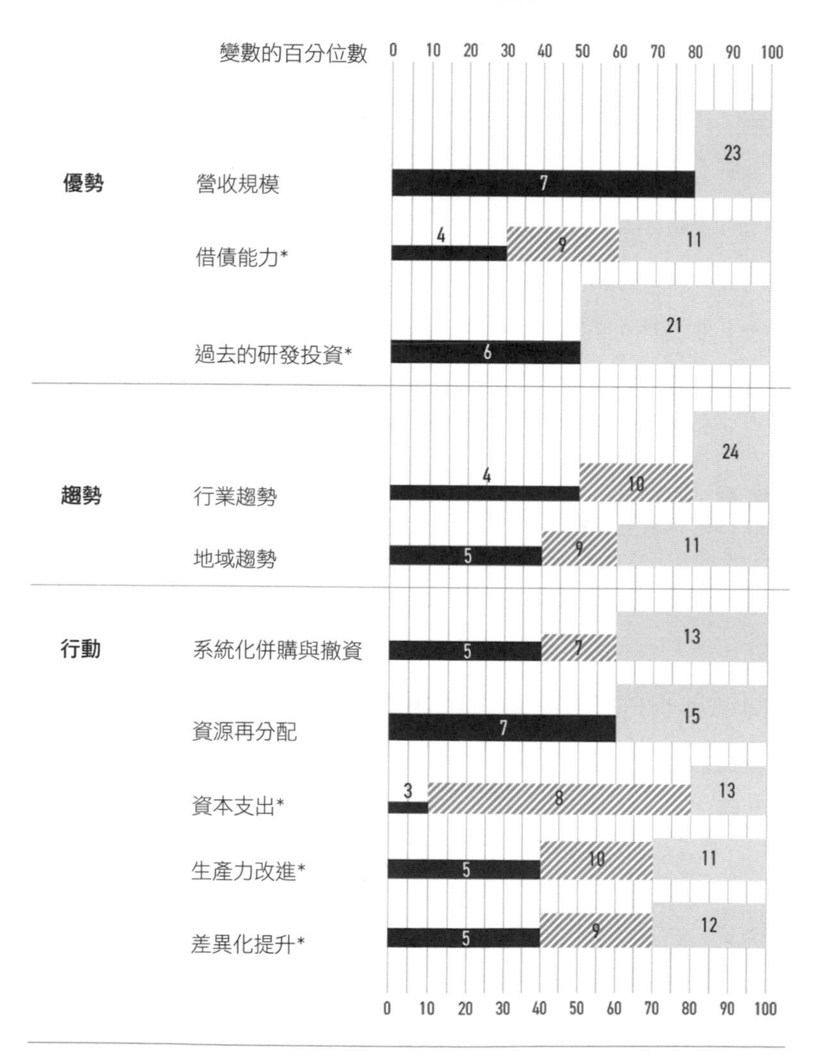

*按照行業中位數標準化

資料來源：McKinesy Corporate Performance Analytics™

如果你覺得這太複雜或太乏味，那可以這樣來簡單總結：越是處於這10個變數分布的右側區域，成功機率就越大；越是處於左側區域，成功機率就越小。我們為本書開發的模型比這還要複雜一些，因為需要加入不同的權重，還要考慮變數之間的相互作用，但複雜程度不會高出太多。你處在上升機率的臨界值上方，還是下降機率的臨界值下方？

別氣餒。在樣本中，60％處於中間三組的企業僅有兩個或更少的變數達到我們的臨界值。

附帶一提：這些槓桿究竟能對你在經濟利潤曲線中移動的機率產生多大影響，取決於你的起點。如果公司處在經濟利潤曲線的頂端（或底部），這些統計資料就會差異很大，策略的方式也需要進行調整。

⊙變化量表

精密鑄件公司的「變化量表」就是如此，我們在第4章提到的這家公司，在經濟利潤曲線中成功實現向上移動（下頁圖17）。圓圈顯示的是精密鑄件公司在這10個變數中分別所處的百分位。橫條上的顏色表示單一變數達到多少，就會開始影響一家公司在經濟利潤曲線中向上或向下移動的機率。

如果一家公司的得分處在上部的陰影區域，向上移動的機率就會提高；如果一家公司的得分處在一個變數下部的陰影區域，機率就會降低。

圖17　**精密鑄件公司的變化量表**

5個變數獲得高分，提高公司向上移動的機率

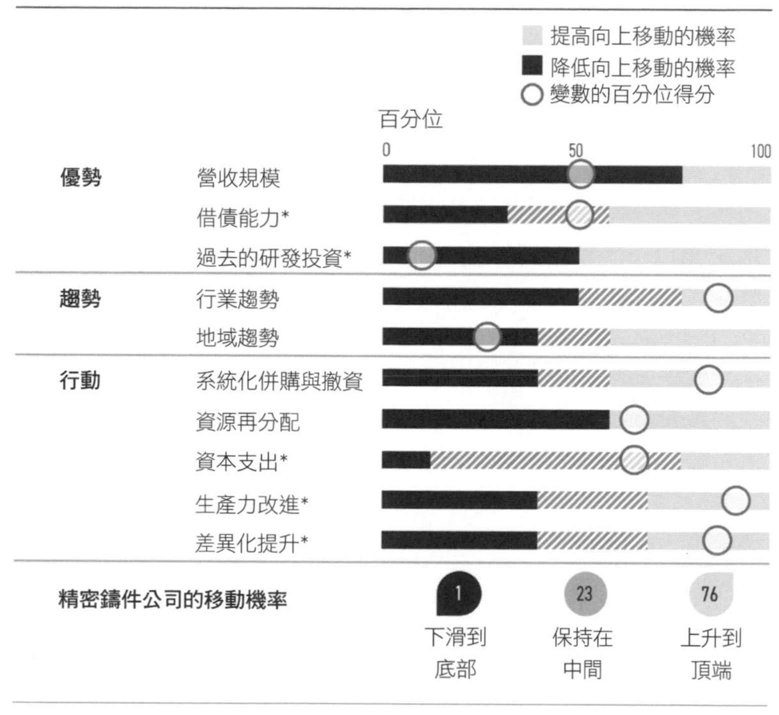

*相對於行業

資料來源：McKinsey Corporate Performance Analytics™

可以看到，2004年精密鑄件公司的優勢得分並不引人關注，這家公司擁有60年歷史，專門爲航太、電力和工業市場生產複雜金屬元件和產品。營收和債務水準處於中間位置，而該公司並未對研發展開大舉投資。從趨勢上看，地域曝光率並不引人注目。但這10年間航空航太產業發展十分順利，行業的助力相當大。

但最重要的是，精密鑄件公司採取了一些重大行動，將其躋身前五分之一的機率提升到76%。公司之所以能做到這點，是因爲他們採取的5項行動中，有4項超過高績效臨界值。在系統化併購與撤資方面，精密鑄件公司透過深思熟慮的定期交易專案，10年間在航太和電力市場進行大量高價值交易。該公司循序漸進地進行交易，而不是操之過急企圖一步到位。在我們的研究中，這10年中的最後兩年，該公司的行動最有代表性。2013年，精密鑄件公司斥資6億美元收購航太流體配件製造商Permaswage SAS，同時賣掉子公司Primus Composites。公司隨後在2014年斥資6.25億美元（約占公司市值2%）收購航天大型複雜機械加工零組件供應商Aerospace Dynamics。

此外，精密鑄件公司還將61%的資本支出分配給三大主要部門，實現了生產力和利潤的倍增，令人驚歎，這是我們的樣本中唯一一家實現這一壯舉的航太和國防企業。在勞動生產力幾乎倍增的同時，精密鑄件公司還成功將費用比率降低3%，總利潤從27%提升到35%。

積極的行業趨勢和多項行動的成功執行，使精密鑄件公司成爲「高機率」策略的代表，或許這也正是波克夏．海瑟威同意在2015年斥資372億美元將其收購的原因。如右頁圖18所示，股東報酬也很亮眼。

與之相比，我們之前討論的另外兩家公司大日本印刷公司和聯合天然食品公司，都面臨行業和地域的不利狀況，卻無法採取足夠措施來有效應對（見第142頁圖19）。大日本印刷公司起初擁有不錯的優勢，但在5項可能的行動中只成功採取2項，所以我們的模型預計其下滑到後五分之一的機率爲69%，而事實也的確如此。聯合天然食品公司只能突破一個屬性的臨界值，但在一個生產力至關重要的行業，其生產力的提升幅度卻遠遠不夠，以致我們的模型預計有很高機率留在中間部分，而該公司也的確原地踏步。

圖18 **一個真實的曲棍球桿效應**

5大行動中的4項，幫助精密鑄件公司上升到前五分之一

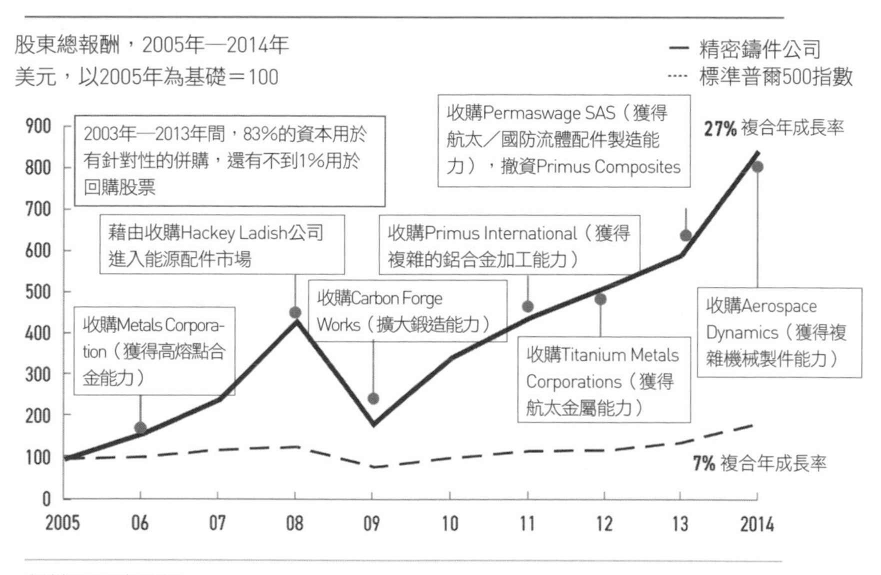

資料來源：湯森路透Eikon

需要說明的是，精密鑄件公司在這10年間成為一家表現優異的公司，但我們並沒有將其宣揚成一個偉大案例。這種分析無法預測該公司在2015年之後的業績。我們只是解釋了它在之前10年的成功，並舉例證明這種成功本來是可以預測的，前提是我們知道企業的策略，以及2001

年至2004年航太業的趨勢。

圖19 **變化量表越佳，機率就越高**

精密鑄件公司顯然擁有更好的量表

變化量表，
2000年—2004年至2010年—2014年

圖例：● 低於臨界值下限　○ 在臨界值之間　淺灰色圓點：高於臨界值上限　— 不適用

		大日本印刷公司	聯合天然食品公司	精密鑄件公司
優勢	營收規模	高於臨界值上限	○	○
	借債能力	○	○	○
	過去的研發投資	—	—	●
趨勢	行業趨勢	●	●	高於臨界值上限
	地域趨勢	●	●	●
行動	系統化併購與撤資	高於臨界值上限	○	高於臨界值上限
	資源再分配	○	○	高於臨界值上限
	資本支出	高於臨界值上限	○	○
	生產力改進	○	高於臨界值上限	高於臨界值上限
	差異化改進	●	●	高於臨界值上限
	用模型得出最可能的情況	69 下降的機率	87 原地不動的機率	76 上升的機率

資料來源：McKinsey Strategy Practice and Corporate Performance Analytics™

了解機率

在分析全球最大的2393家企業在經濟利潤曲線中移動的機率時，我們發現在所有決定性因素中，**自身優勢約占30%，趨勢約占25%，採取**

的行動措施約占45%。雖然行業趨勢是這10個變數中最重要的一個，但把所有的策略行動結合起來，幾乎可解釋企業在經濟利潤曲線中一半的變動。

電氣設備製造商艾波比（ABB）和化學巨頭巴斯夫（BASF）都擁有很強的實力，在我們研究的這10年間，利用自身優勢從經濟利潤曲線的中間三組移動到前五分之一。在趨勢方面，日本汽車製造商五十鈴（ISUZU）得益於行業和地域兩方面的有利趨勢，從經濟利潤曲線的後五分之一躍升到前五分之一。在行動方面，我們已經看到精密鑄件公司是如何利用5項槓桿中的4項移動到頂端。

雖然我們分別分析了這些槓桿，但它們卻是協同作用的。機率不是簡單的加總，需要認眞考慮我們在研究分析中發現的各種槓桿的綜合影響力。針對10項槓桿採取的措施一般都比你想像的力道大得多，而關鍵在於它們能否超過特定臨界值，但這要與競爭對手進行比較。這一點很重要。**重大行動之所以重大，並非因爲難以完成，或是令團隊感到精疲力竭，而是相對於競爭規模來說**。

誰會知道你的研發開支在行業中處在前一半還是後一半，會對你進入經濟利潤曲線前五分之一的機率產生15%的影響呢？但確實如此。公司希望將生產力提升2%，但卻沒有考慮這將如何影響（或不影響）自身與競爭對手的相對位置，這樣的情況我們看到多少次了？誰知道盡可能多地採取行動（而非集中於一個領域的改進）有多重要？而多管齊下又是多麼罕見？

這就夠了？

決定成功機率的變數只有10個，這的確出人意料，甚至令人不安。確實有人問過我們其他變數的影響，比如人才、領導力、文化和關於執行的進一步細節。沒有完備的實證研究證明它們的作用，而且即使無法將這些因素分離出來，我們也能在企業渴望其策略發揮作用時，大幅改善目前的營運狀況。很顯然，這個模型超過80%的準確率隱含了其他槓桿，因爲模型是根據企業在經濟利潤曲線上移動的完整實證證據構建的。人才和領導力等其他因素並沒有被獨立出去。目前我們正在研究一些方法，可更加明確地衡量人才因素，並將其融入機率估算模型。現在我們暫且可以這樣理解：無論人才基礎如何，只要策略沒有超過這10個槓桿的臨界值，那麼人才就很難彌補優勢、趨勢和行動上的不足。

我們還會觀察具體行業的經濟利潤曲線。雖然它們都很相似，但各自的形狀卻存在差異。機率也有所不同──一定程度上是這樣。我們發現，在一些我們觀察更細緻的行業中，從中間三組移動到前五分之一的平均機率最低僅有5%，而最高達到16%。而在另外一些行業中，併購其實是不切實際的，例如已經經過整合或存在監管障礙的行業等。我們目前正在使用機器學習技術處理更大的資料集，看能否再實現一個突破。所以無論是我們還是你們，仍有很多工作要做。

與你和你所在的企業相關的是，你現在可以知曉你策略的成功機率，而且是提前知曉。你可以比較精確地知道這些機率繼而採取行動，並查看哪些槓桿對自身的企業最重要。由於所有變數都可以衡量，也都可以與大的企業樣本進行比較，我們的優勢＋趨勢＋行動模型，爲你審視成功機率並提供眞正的外部視角。

在對抗策略的人性面時，這可以成爲你手中的一個有力工具，因爲現在你有了一個基準來衡量策略的品質，不必再受制於策略會議裡的主觀判斷。現在你可以根據一個外部參考點來校準策略的勝算，由此還可獲得改善團隊溝通的工具。

如果在大日本印刷公司和其他有很大機率下滑到後五分之一的公司進行策略討論的過程中，能夠融入這樣的外部視角，它們或許就會採取不同措施。當我們向一家接近經濟利潤曲線頂端位置的美國保險公司展示其在經濟利潤曲線的位置時，這個基準令他們的執行長感到震驚。他說：「這究竟意味著什麼？我是否要努力奮鬥才能保持現狀？還有沒有上升空間？或者，我能否改變我的行業，從而改變整個曲線？」

他轉向他的團隊，問道：「你們知道這個嗎？你們給我的策略能不能把我們推向曲線的上方？誰負責的業務可以幫助我移動公司的位置？」公司當下就調整了策略。

當然，策略依賴於天才的洞見和新穎的想法。策略是一門藝術。所以，雖然你不能改變太多優勢，但我們會在接下來的兩章中探討，如何在趨勢方面，尤其是在行動中運用洞見、想法和藝術，盡可能地提升成功機率。你需要提升自己的能力，以便更好地預測趨勢和競爭對手未來的動向。

優秀的策略仍然並非唾手可得，但你至少可以大幅提升預測策略成功機率的能力。

我們隨後會深入分析趨勢和行動的作用，這都是你能確實發揮影響的面向。

趨勢

— 第 6 章 —

不祥徵兆已現

察覺不祥徵兆很容易，

但要做出反應卻可能十分困難。

要與趨勢做朋友，就必須克服短視、逃避和懶惰。

皇家飛利浦（Royal Philips）前執行長彭世創（Cor Boonstra）非常精於把握趨勢。一九九〇年代晚期，他在寶麗金唱片公司就注意到一個重要趨勢並進行大膽嘗試。寶麗金當時是世界頂級唱片公司，旗下擁有巴布．馬利（Bob Marley）、U2樂團以及眾多頂級歌手。但是1998年，彭世創飛往紐約與高盛公司的人會面，以106億美元價格將寶麗金賣給施格蘭（Seagram）公司。

為什麼呢？因為彭世創看到飛利浦對自身光學存儲業務的內部研究報告，發現消費者將飛利浦聯合發明的可燒錄光碟（CD－ROM）技術主要用於一個目的：複製音樂。當時MP3格式尚未問世，用於下載MP3檔的軟體Napster在網路創業家尚恩．派克（Sean Parker）眼中微不足道，而寶麗金的事業如日中天。但彭世創看到轉型的初步徵兆並堅決做出反應。接下來10年裡，美國市場的CD和DVD銷量減少80％以上。①

彭世創是如何選準出售時間的？眞是不可思議。從下頁圖20可看到，出售寶麗金時，CD／DVD收入正處於絕對巔峰。

必須承認，大多數人並不善於把握市場時機。我們會看到趨勢，也樂於談論趨勢：經濟動態、新技術創新、行業動態、新的服裝潮流以及這一代年輕人關心什麼，不一而足。

但仔細想想：有多少次我們低估趨勢的重要性，低估我們經營環境的重要性，只因為太習慣於相信自己能夠掌控這一切？有多少次我們明明看到趨勢，卻沒有足夠快速地做出反應？

圖20　**唱片業的顛覆**

飛利浦看到不祥徵兆已經顯現，並採取應對措施

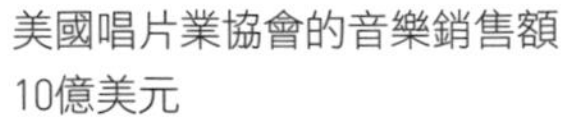

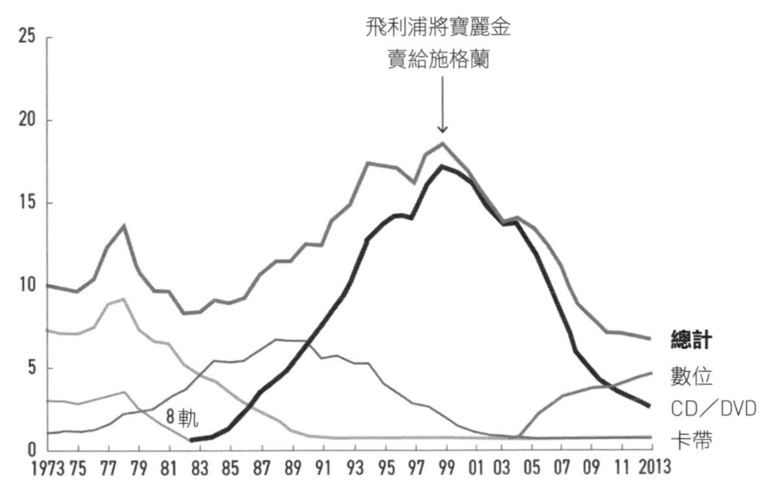

資料來源：美國唱片業協會

幾乎每個策略決策流程都有趨勢的影子。董事會經常邀請行業專家介紹他們對未來的願景，或者公司執行長訪問矽谷，受到創新和科技新富神話、敏捷以及崇尚牛仔文化的企業總部的啓發。幾乎毫無懸念，關於區塊鏈、雲端和超級高鐵（hyperloop）的理念將會在未來幾十年滲入策略會議，帶來光輝燦爛的生活願景。

很多時候，爲了做出正確的選擇，策略決策團隊不辭辛苦地工作並準備行業分析報告。「對，我們了解趨勢。下一個。」但是更多時候，

公司並沒有建立把握趨勢的能力，也並未採取具體行動。他們很少將趨勢變爲切實可行的投資機會，並堅決調撥資源以把握機會。

我們的一家大型全球石油公司客戶，確實做到讓公司認眞看待趨勢，但這需要眞正的顚覆。2011年，我們三人爲《麥肯錫季刊》（*McKinsey Quarterly*）寫了一篇主題是〈檢驗策略的十大不變標準〉[2]（10 Timeless Tests of Strategy）的文章後，該公司決定將這10條檢驗標準應用到實踐中。董事會要求各業務部門以當前面臨的最重要選擇爲焦點，準備一份簡要策略陳述報告。

然後，董事會使用這10條標準對報告進行評分。討論最多的，始終是第四條標準：你的策略是否讓你領先於趨勢？最終，公司重新調整成長結構，更加明確地圍繞其優先選擇的趨勢和微趨勢，來對適合的業務機會進行投資。他們獲得相當顯著的回報。

完全不同的策略理念

完善的機制雖對實施至關重要，但在這裡並不盡然。這裡需要的僅僅是理解這些梗概，看看它們如何以外部觀點改變策略會議裡的對話，帶來比傳統內部觀點更有成效的成果。

同樣，這也不是百分百肯定能做到的。即使你是精密鑄件公司，有76％的機率到達曲線上的前五分之一，也並不意味著一定就可以實現。

當然，我們也會看到一些公司上升的方式與模型不同。精密鑄件公司的同行——一家航太和國防公司的故事就值得我們警醒。該公司處於一個高成長行業，擁有令人豔羨的天然優勢，發展也非常迅速。在我們所研究的10年期間，公司有72％的機率從經濟利潤曲線的中間位置上升到前五分之一。但事實上，它卻從當初獲利7000萬美元到巨虧7.8億美元，最終跌至經濟利潤曲線尾端。

雖然公司採取了補救行動措施，但卻押錯寶，選擇成功機率較低的業務（並且執行得有點糟糕）。一個大型併購策略讓該公司債務急遽增加，卻沒有帶來任何回報。在關鍵的航太和國防專案上營運管理鬆散，導致時間和成本均超過預期。當然也有一些外部因素，如一個主產品的訂單量低於預期。雖然之後的復興計畫提高公司的獲利能力，減少了債務，但這個故事提醒我們，僅憑行業利多和先天優勢是遠遠不夠的。

而也就在那10年裡，美國酒店連鎖品牌喜達屋（Starwood Hotels & Resorts）逆勢而上，一舉躍升至經濟利潤曲線的頂端。雖然酒店業發展的阻力很大，公司負債也較高，但喜達屋成功擺脫困境。2000年至2004

年期間，公司一度虧損3.06億美元，到2010年至2014年期間，利潤已高達3.32億美元，而同期的行業平均水準僅爲1.82億美元。如此業績要歸功於公司敢於突破常規，進行大刀闊斧的改革：將資產組合合理化。在這10年中，喜達屋僅收購一項資產（艾美酒店〔Le Méridien〕），但令人驚訝地撤除51項資產，包括出售部分喜來登（Sheraton）和W豪華酒店。這種務實的併購（和撤資）做法促進喜達屋經營模式的根本變革，從酒店物業擁有者，轉型到以品牌爲驅動的、輕資本的酒店行銷者和營運者。管理層發揮喜達屋的優勢，認識到迫在眉睫的行業阻力和沉重的債務負擔問題，以大膽變革扭轉局勢。

雖然這些例子有很大的「幸運」成分，但我們的模型顯示，經濟利潤曲線上80％～90％的移動還是取決於企業本身的強弱。即使類似特例也總是進一步證實這樣的規律。雖然人類天生喜歡看到弱者逆襲（也許同樣喜歡看到大亨們倒楣，即便不怎麼光彩），但作爲投資者或管理者，順勢而爲才是更明智的做法。

網球還是羽毛球？

如果要選擇揮拍類運動，建議你最好模仿網球名將羅傑．費德勒（Roger Federer），而不是羽毛球冠軍林丹。他們都非常成功，也許是有史以來各自領域最優秀的運動員。同時兩人也極受歡迎，其天分與個人魅力極具競爭力。沒有人會問：「爲什麼費德勒不打羽毛球？」（但他們可能會問：「林丹是誰？」）一個原因是：同樣是排名前十，網球運動員的收入比任何其他球拍類運動要高10～20倍。無論林丹是多麼偉大的羽毛球運動員，他都無法克服這一「行業」劣勢。

你也一樣需要讓自己盡可能占據最大的趨勢有利條件。如前所述，行業和區域這兩個最重要因素，決定公司在經濟利潤曲線上下移動25％的機率。趨勢好比腳下的大地，甚至在你做出任何其他策略舉動之前，它們已在推動你上移（或下移）。走在趨勢前面，無疑是你必須做出的最重要的策略選擇。

我只對帶來巨大利潤的趨勢類型感興趣。

由於大多數業務競爭激烈，許多企業往往會著眼於當前的競爭，而不思考競爭態勢變化的更深層原因。收穫也許要歸功於行業，與自身的付出關係不大，例如電子商務蓬勃發展時期的快遞公司，或者人口老化時代的養老照護機構。如果你是一家電視廣播公司，也許就不那麼幸運了，因為觀眾都轉向串流影片了。

行業如自動手扶梯

一些人也許記得兒時沿著下行手扶梯往上跑，試圖跑贏搭上行手扶梯的父母，你必須跑得夠快才能跟上他們的腳步。行業也是這樣，在上行和加速過程中陷入停頓，你需要努力向前，而本身處於下行軌道時，保住原來的位置就已經需要盡力拚搏了，更何況要更進一步呢。

在從曲線的中間位置上升至前五分之一的117家公司中，有85家是伴隨行業趨勢一起上升的（至少上升一個五分位）。僅有32家公司逆行業趨勢（至少下降一個五分位）而上，但也證明一切皆有可能。在從中五分位下降至下五分位的201家公司中，有157家是被行業拖累的。與處於下五分位行業的企業相比，處於上五分位行業的企業，進入曲線排名前五分之一的可能性高出5倍（見右頁圖21）。

因此，識別所有相關趨勢並在正確時間做出反應至關重要。你必須與趨勢做朋友。

隨著全球經濟周期的循環，新的技術和業務模式不斷湧現，原有的技術和業務模式逐漸消亡，行業結構不斷變化，新的生態系統漸次形成，企業的利潤池也在行業之間此消彼長。這種影響有時可能十分巨大，必須採取重大行動（見第158頁圖22）。例如，在我們排名的127個行業中，移動通訊業已在10年間從接近曲線底部的位置，竄升至接近頂端的位置；而由於大宗商品[1]價格下跌，石油天然氣業走向相反方向。總體來看，企業之間的變動也與此類似：在127個行業中，9%的企業在10年內從行業經濟利潤曲線的三個中間區域，上升至前五分之一。

圖21　**行業如自動手扶梯**
擁有超級趨勢的行業，帶動企業沿經濟利潤曲線上移

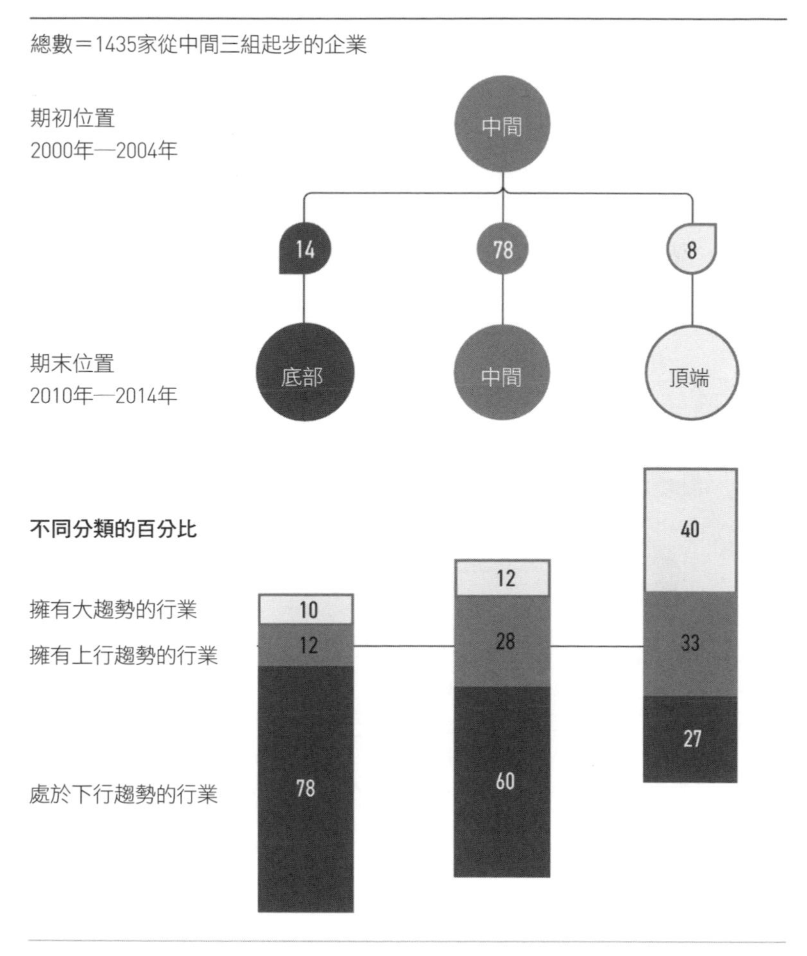

資料來源：McKinsey Corporate Performance Analytics™

❶：指可進入流通領域，但非零售環節，具商品屬性並用於工農業生產與消費使用的大批量買賣的物質商品，如黃金、原油、大麥等。

圖22　**行業也在經濟利潤曲線上移動**
例如，移動通訊業急速竄升，而石油與天然氣業則出現衰退

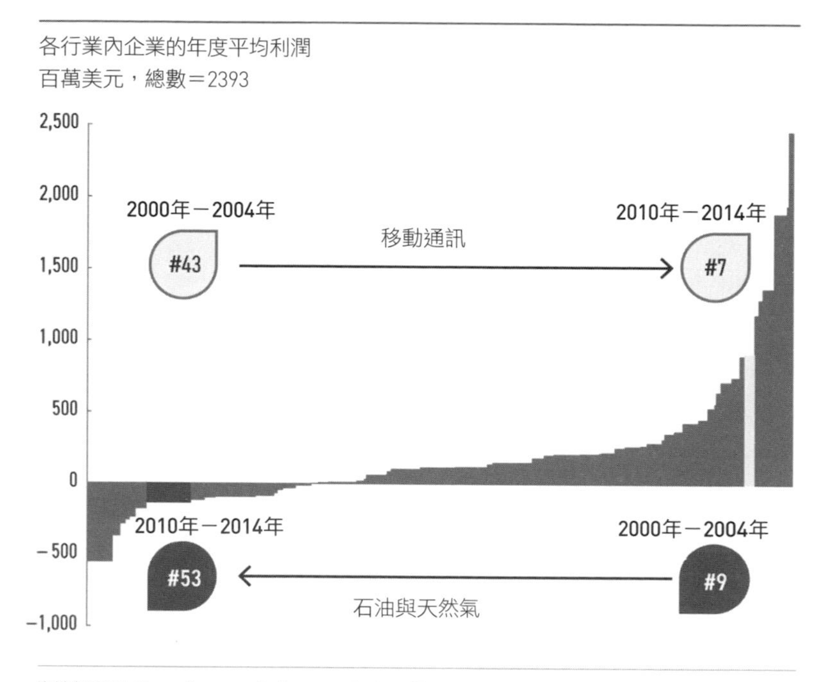

資料來源：McKinsey Corporate Performance Analytics™

如果你發現所處的行業趨勢十分有利，那麼就應該盡最大努力把握這一趨勢。如果發現所處的行業趨勢不佳，則可能需要認眞考慮改變自己從事的行業，或改變行業本身了。

改變從事的行業，或改變行業本身

如果發現自己面臨的危機如此巨大，就像柯達公司當初面對數位照相一樣，那麼你有兩種選擇：其一是**行業轉型**，如藉由合併改變其基本的業績前景；其二是**選擇離開原來的行業，進入一個威脅較小的新領域**。當然，這兩條路都不好走。

我們在歐洲公共事業行業大會上介紹相關資料後，有三位高階主管與我們聯繫，表示他們對自身行業在經濟利潤曲線上所處位置感到震驚。資料向他們傳達一個令人痛苦但明確無誤的事實——甚至對個人的職業選擇而言，經濟利潤曲線也是至關重要，因此人們需要關注行業在經濟利潤曲線上所處的位置，以及行業可能會看到的趨勢。

改變行業絕非一夕之功，人性面會讓轉型變得更加困難。企業很少能夠根據形勢變化自由地轉換行業——私募股權和風險資本投資者是較爲典型的例外。對於公司經營者而言，找到改變行業的行動非常困難，但對於其中的某些人而言可能又非常必要。

如要留在原來的行業，你可能需要找到改變行業動態的途徑，以不斷促進業績的發展。例如數十年前，澳洲的啤酒業表現平平，獅子（Lion）和福斯特（Foster）在一九八〇年代和九〇年代進行深度整合，啤酒業成爲對這兩家公司都極具吸引力的行業。拉美航空爲南美洲地區帶來全新的航空業務模式，表現極佳。荷蘭居家照護服務組織博組客（Buurtzorg Nederland）改變了荷蘭的家庭健康護理行業，以人性化的全新服務模式實現經濟和效益的雙豐收。這些公司都有一個共同點，就是

大力創新，群策群力改變遊戲規則。他們都推行從根本上改變行業競爭基礎的策略，順勢而為，把握變革機會。

如果無法改變行業規則，那麼可能必須調整業務定位，轉向新的高成長項目。經過強有力的重組，企業可以在10年內將超過50%的資本金基礎轉至新的行業。建立信心，選用恰當人才，獲得必要能力，是實現轉型需要翻越的「三座大山」。[3]對許多人而言，當前行業的成功機會微乎其微，尋找新機會也許是贏得美好未來的唯一途徑。

在我們的資料庫中，有近25%的公司在10年內成功轉移超過一半的資本投資。還有30%的公司轉移了超過五分之一的資本投資。

他們是如何做到的？正如我們之前所說過的，一個關鍵的因素是改變以現狀為基準線的觀念。現在這個時代，企業向上提升十分困難。經濟利潤曲線很陡峭，並且隨著時間推移會變得越發陡峭。競爭對手也不會按兵不動。因此，你必須拋棄「行業大環境還不錯」的想法，打開策略會議的窗戶，迎接清晰而無情的外部世界。

也可以考慮改變地點

地理區域雖不如行業那麼關鍵，但仍然十分重要。你需要評估所在區域產品與服務營運和銷售的成長潛力及發展趨勢。可以想像，進入高成長地區可能是實現高速增長的一大重要因素。總體而言，對成長地區進行細化分析十分重要。例如，某大型電腦生產企業詳細分析中國市場，將全國680個重要城市分為21個集群，對重點城市、購物廣場及購物廣場中的店鋪位置進行排序，以優化投資收益。透過重新分配銷售和行銷支出，公司的成長率提高50％。

隨機問題：你知道天津、成都、重慶嗎？重慶是中國西部一座城市，擁有超過3000萬人口！其中有很多人應該還沒添購你的公司的個人噴墨印表機／雷射印表機。如果你不了解這些城市，你也許不會認識到，未來10年裡超過50％的全球生產總值，可能是由230個中國城市創造的。

加大參與高成長市場的力道，可以明顯提升公司的成長業績。

我們發現，總部設在新興市場的企業不僅受益於這一市場的成長趨勢，同時也在發達市場取得不俗業績。這可能僅僅是一個令人好奇的題外話，但也印證**不要局限於本土市場的重要性**。2012年，飛利浦新任執行長萬豪敦（Frans van Houten）提出一項計畫，要將中國市場建設成公司的「第二本土市場」，成長由此加快，公司競爭力大大提高，尤其是與中國本土競爭對手相比。

即便不提你對各個行業和地區相對排名及發展前景的看法，關注趨勢也已經開始改變策略會議的局面了。不再是一切功勞屬於管理層，一切問題歸於無法控制的外部因素。現在你可以思考看看，公司在經濟利潤曲線上的移動有多少歸因於行業和區域方面的因素，又有多少來自你和同事「改變水平面」的努力。這種新穎的以證據爲基礎的對話視角，有助我們重構討論框架。

著眼微觀

重要的洞見並不總是關乎宏觀大勢或重大顛覆。日復一日地為客戶提供服務並及時回應他們的需求，是面對趨勢的最大挑戰之一。長期的成功可能只是準確理解行業趨勢，確保靈活性，相應地把握最佳時機合理調動資源，並且比競爭對手動作更快。

這需要選對區域、客戶群和微觀細分市場，並要重新分配企業當前的內部資源，以把握差異化的成長前景與趨勢。本書作者之一施密特在10年前與人合著的《精微化成長》（*The Granularity of Growth*）一書中指出，企業成長表現的差異有80%歸因於對經營市場的選擇及併購。[4]之前提到在中國經營的電腦科技就是如此。由於採用高度細化的方法分配資源，該公司得以走在成長趨勢的前面。

行銷巨頭英國WPP集團執行長馬丁．索羅（Martin Sorrell），如此描述追逐行業機會的重要性：[5]

我們實現成長的一個重要原因是始終努力專注於成長領域。現在，如果將業務放在亞洲和太平洋地區，增速會比放在西歐更快。我們努力發現行業中的成長趨勢，我們的持續成長也將倚賴於此。當然，找到最佳的收購對象也很重要，但首先還是要找那些敞開的大門。不管你有多聰明，如果大門是關上的，推開它將十分費力。

由於行業定位和行業趨勢如此重要，善於順勢而爲的企業會將這些觀點融入與管理層考核業績相關的日常工具中。與通常基於內部會計資料和標準市場報告的零星深度分析不同，使用專業的分析軟體，幾天內即可完成幾年前耗時數月都無法完成的任務。你可以比較和分析行業業績、投資組合基準、成長MRI等，爲投資者進行分析。

需要獨到見解

差異化需要獨到見解。從抽象的趨勢細化，一直到各種「投資機會」──具體可行的商業機會，都能看到它們的身影。

有時，形成獨到見解需要對專有資料（proprietary data）進行投資。數十年來，很多B2C企業投資推進客戶忠誠計畫（如航空公司的里程，或零售店鋪的會員卡），常常透過價格折扣來換取客戶資料。利用這些資料可以變成更深入的、可變現的洞見。超市現在可同時從多個角度來畫分客戶群（如按地區、人口結構、購物籃尺寸、購物頻率、促銷參與情況、優質產品組合等）。我們不再談論八大客戶群體，現在有上千個細分客戶群。超市現在可以有針對性地展開行銷活動；可以根據門市定制範圍；可以了解哪些品項的價格敏感性更高或更低；可以看到哪些品牌能帶來更多忠誠顧客；可以透過網路管道展開A／B測試等。因此，雖然宏觀趨勢可能是「零售正在向線上轉移」，但正是透過細緻分析客戶和投資機會，才讓轉型變得更有成效。

你還可以將宏觀洞見與微觀洞見進行碰撞，辨別哪些趨勢是眞實的，哪些不過是假象或臆測。2010年，智慧環球集裝系統公司（iGPS）積極推廣的無線射頻辨識（RFID）塑膠棧板獲得市場認可，老牌木製運輸棧板供應商集保物流（CHEP）面臨威脅。投資者看到木製棧板將會終結的大趨勢，鼓勵集保公司大力投資塑膠棧板以替代現有產品。基於客戶正在轉向哪裡以及爲何轉向的詳盡分析，集保公司形成了微觀洞見。該公司發現，塑膠棧板的市場威脅正在減弱，因爲快速消費品生產的自動化程度提高，意味著棧板需要滿足更嚴格的尺寸標準。塑膠棧板僅適合少數客戶，這在經濟方面對大規模應用不利（塑膠的資本成本遠高於木材）。集保並沒有替代現有20億美元的資本基礎，選擇更昂貴的塑膠產品方案，而是針對客戶需求，投資於更嚴格的品質和維修工藝。集保還使用出貨演算法，來保證爲那些需要最優質棧板的客戶供貨。集保的利潤率僅受到輕微影響；而智慧環球集裝系統公司在失去百事公司等幾個大客戶後宣布破產，最後被一家私募股權企業（private equity firm）收購。

⊙ 應對不祥徵兆

走在趨勢前面的重要性已經不言而喻了，但現在我們面臨更大障礙。俗話說，「成也蕭何，敗也蕭何」。企業起初成功的原因，到後來也常常會導致它們寸步難行。墨守成規可能會使企業很難面對行業顛覆。而行業的領先地位，又可能令企業無法應對即將來臨的不祥之兆──但並不一定毫無可能。

10年前，挪威傳媒集團施伯史泰德（Schibsted）做出一個令人鼓舞的決定：提供免費線上分類廣告──這是其報紙業務的主要收入來源。公司已經在網路領域進行大手筆投資，但爲了打造強大的泛歐數位化媒體平台，還必須籌集資本。在向一家潛在的法國合作夥伴介紹時，施伯史泰德的高階主管指出，現有的歐洲分類廣告網站流量十分有限。他們說：「市場等待我們去把握，我們也正要抓住它。」現在，公司超過80%的獲利都來自線上分類廣告。

大約在同一時間，其他領先報業的董事會也在評估數位化的前景。毫無疑問，他們甚至也與施伯史泰德一樣，提出並討論了網路創業公司虹吸一樣捲走利潤豐厚的紙媒分類廣告（行業稱之爲「金河」）的假設情景。也許這些情景沒有帶來足夠警示，或者是它們太過危險而不被接受，最後只有極少數報紙眞正追隨施伯史泰德的步伐。

在紙媒已經完敗於數位化顚覆的今天，很容易看出當初誰做出正確決定。但是，當一個人眞正處於顚覆的早期階段，面對各種不確定性以及經常性假想時，事情就會百般費解。一九八〇年代，鋼鐵巨頭們明顯低估小鋼廠的潛力。一九八〇年代和九〇年代，個人電腦給迪吉多電腦公司（Digital Equipment Corporation）、王安電腦公司（Wang Laboratories），以及其他小型電腦製造商帶來沉重打擊。近年來，網路零售打敗實體店，Airbnb和Uber也分別攪亂旅館和租車業。從資料庫軟體到盒裝牛肉，類似例子舉不勝舉。

以上情況都有一個共同點，即老牌企業經常發現自己面對大勢時站錯了隊。不論這些企業的資產負債表實力有多強，市場占比有多高（有時也正是由於這些因素），似乎也對顚覆者的來勢洶洶束手無策。

好消息是，許多行業仍然處於顚覆的早期階段。紙媒、旅遊、旅館等行業，爲後來者提供寶貴借鑒。對大多數企業而言，現在做出應對爲時未晚。

老牌企業能夠生存下來甚至變得更加繁榮，祕訣是什麼？一方面當然在於其是否有能力識別並克服傳統企業墨守成規的典型應對模式（或缺乏應對模式）。這通常要求企業具有遠見卓識，並且願意及時堅決地採用行動，即要在局勢尚未明朗之時就著手行動。正如網飛（Netflix）從DVD轉向串流業務時，執行長里德．哈斯廷斯（Reed Hastings）指出，大多數成功企業因爲害怕其核心業務受損，而沒有設法爲客戶提供新的產品與服務。他說：「因爲動作太快而死的公司極爲罕見，但因爲動作太慢而死的公司，我們經常看到。」⑥

我們都是事後諸葛亮。但問題在於，當置身其中且面臨各種現實制約及經營壓力時，到底該怎麼做。從老牌企業的角度看，必須度過顛覆性趨勢（disruptive trend）的四個階段。

顛覆性趨勢的四個階段

S曲線（見下頁圖23）可幫助理解這些階段。首先，年輕的公司面對不確定性較爲脆弱，但是夠敏捷，願意嘗試。這時，企業會高度重視學習和選擇，在未來獲利預期的基礎上努力創造股權價值。然後，這種新的模式需要達到一定的臨界規模以實現持續營運。隨著企業逐漸成熟，進而成爲老牌企業，思考方式和現實都將發生改變。老牌企業會鎖定常規和流程，隨著組織的複雜度提升，可變因素會變得清晰和標準化。出於追求效率的需要，它們會刪除備選策略，獎勵持續獲得成果的主管。此時衡量成功的指標是，即刻實現穩定且不斷成長的現金流。對未來收益的多選項預期，被持續上調業績預期的跑步機代替。

在顛覆階段，向舊的S曲線頂端運動的企業，會面臨處於新的S曲線底部的新業務模式的衝擊。創新性顛覆帶來另一個周期，但這次的情形完全不同，且存在兩大主要挑戰。首先，識別新的S曲線可能十分困難，因爲它最初的坡度很小，常常不具備令人驚豔的獲利能力，也不吸睛。發明家、未來學家和投資者雷．庫茲威爾（Ray Kurzweil）說過，率

圖23　**顛覆性趨勢的四個階段**

當新的S曲線變老

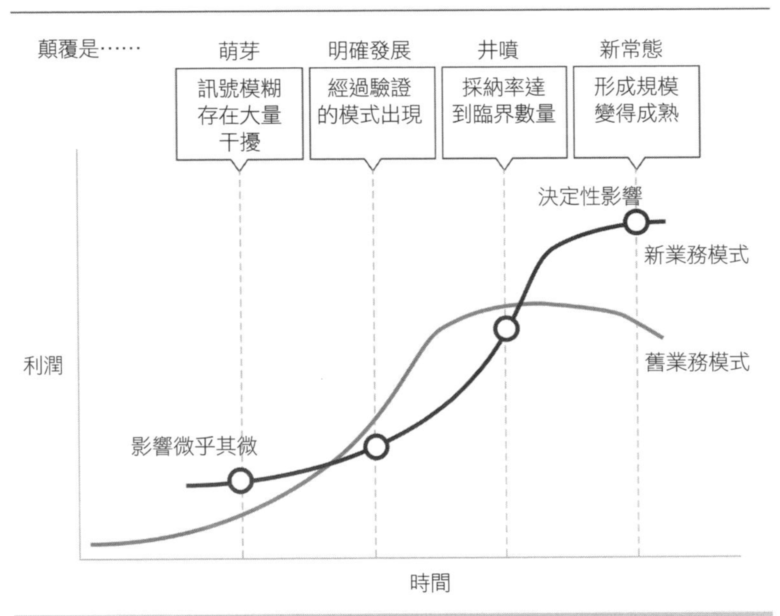

老牌企業的行動	敏銳	迎戰	加速	調整適應
常見障礙	短視	逃避	慣性	適應

先識別潛在成長曲線的早期階段十分困難，我們生活中的大部分過程都以不易察覺的流線型發展。⑦

雖然大部分企業的所作所爲表明，它們非常善於應對明顯的新興事物，能快速整合資源並堅決採取行動，但在處理那些悄然發生發展、沒有明顯跡象的不確定威脅時，就有些力不從心了。

第二個挑戰是，將一家企業推上S曲線頂端的因素，也可能令其在新S曲線底部徘徊不前。這需要企業採取不同的營運模式，但有時選對道路十分困難，即使認爲自己已經知道什麼事情是對的。新的S曲線往往還對能力結構提出不同要求，達成這些要求才能成功。經驗的價值下降了。

新的S曲線將行動遲緩者淘汰出局的簡單概念，讓我們得以從現有企業的角度看待問題，眞正理解每時每刻所面臨的實際挑戰。在第一階段，新的S曲線根本還不是一條曲線。在第二階段，新的業務模式得到檢驗，但其影響還不足以從根本上改變現有企業的業績軌道。在第三階段，新的模式達到臨界規模，其影響也變得明顯。在第四階段，新的模式成爲新常態，進入成熟期。

第一階段：發出訊號，但有噪音

前面我們已經談到音樂行業是如何被顚覆的。類似的一個例子是，紐西蘭火花電信（Spark New Zealand）預料到黃頁業務的獲利將會下降，於是在2007年以22億美元價格（其收入的9倍）將其出售，而許多電信公司將該業務保留到最後，幾乎一文不值。報紙業中也不乏類似的訊號。早在1964年，傳媒理論家馬歇爾·麥克魯漢（Marshall McLuhan）就發現，該行業的弱點在於對分類廣告和股市報價的依賴：「如果有替代方式可以輕鬆查閱如此豐富的日常資訊，報社將關門大吉。」[8]網路的興起創造了這一方式，eBay等新創公司爲人們提供無須使用報紙廣告發布商品銷售資訊的新途徑。1999年，施伯史泰德的大動作是傳媒企業最早做出的少數反應之一，而大多數出版商都按兵不動。

在顚覆的這一初期階段，除了不受重視的周邊業務，老牌企業的核心業務幾乎沒有受到任何影響，它們不「需要」行動。基本上不存在需率先行動的緊迫性，這可能是因爲利益相關者之間的需求相互衝突。再者，確定需要忽略哪些趨勢、追隨哪些趨勢，也是非常困難的。

老牌企業的不作爲，可能會爲新企業打開大門。面對雙寡頭老牌企業的壟斷，奧樂齊超市（Aldi）成功打入澳洲日雜零售市場，其中一

部分原因是，老牌企業不願意承認奧樂齊的定位對澳洲消費者具有吸引力。最初的影響非常小，小到讓對手認爲出手防禦是得不償失。你可能聽過「管理威脅」（managing threats）之類的託辭，但事實就是不作爲。16年後，奧樂齊占據澳洲大約13%的市場占比，而且展店範圍不斷擴大，規模持續發展。

要獲得更敏銳的洞見，克服在第一階段的短視，老牌企業需要挑戰自己的「故事」，顚覆行業賺錢的長期（有時是固有）信念。正如我們的同事在最近的一篇文章中所指出的，「這些主導的信念反映了一系列關於客戶偏好、對科技的看法、監管、成本驅動因素，以及競爭和差異化基礎的共同觀念。它們常常被認爲是不可違背的──直到有人違反爲止。」[9]

重塑這些主導信念的過程，包括發現行業關於價值創造的最新理念，然後將其消化吸收，並發現價值創造的新形式和新機制。

策略的人性面會一如既往地讓重塑工作複雜化。人們已經習慣原有思維方式，要改變十分困難。許多公司的業務已經利用舊的S曲線賺了很多錢，而在競爭資源的戰爭中，他們可能（至少是悄悄地）阻礙轉向新曲線的嘗試。在初期階段，轉型的吸引力尚未顯現，守舊者的觀點特別有說服力。

個人電腦先驅艾倫．凱（Alan Kay）曾說過：「每個人都喜歡改變，除了改變本身。」

第二階段：讓變革站穩腳跟

趨勢現正變得日益明顯。核心的技術和經濟驅動因素已經得到檢驗。此時至關重要的是，老牌公司要著力推進新方案，以確保在新領域站穩腳跟。更重要的是，他們需要確保新的試點專案獨立於核心業務，即使兩者目標相互衝突。動作一定要快，不能亡羊補牢。

但由於顛覆的影響尚未大到阻礙獲利勢頭，相關的變革行動往往仍缺乏動力。即使線上租車和房地產分類廣告業務已經起飛，大型免費分類廣告網站克雷格清單（Craigslist）的發展正在加速，但大多數報紙出版商並沒有緊迫感，因為其市場占比仍未受多大影響。新進的企業尚未賺取上百萬，根本沒有多少業績表現值得去嫉妒。

但施伯史泰德找到了必要的動力，公司執行長科傑爾．阿莫特（Kjell Aamot）回憶說：「在網路泡沫破滅時，我們繼續進行投資，雖然並不知道如何在網上賺錢。我們還提供新的產品與原有產品進行競爭。」免費提供線上分類廣告的行動，直接瓦解了公司的報紙業務，但施伯史泰德願意承擔這一風險。公司不僅採取行動，而且力道相當大。

1995年，微軟公司執行長比爾．蓋茲在「思考了幾周」後意識到，公司嚴重低估網路的重要性，於是也開始類似的大刀闊斧變革。重返崗位的蓋茲發表了著名的「網路備忘錄」，從根本上調整公司方向，否決了一批專案項目，將資源再分配到其他專案上，並且啓動更多新專案。

現在我們必須承認，在業務處於S曲線上升期時，一家公司的領導者承諾支持實驗性創新是多麼不容易。擁有蓋茲掌控全域的公司並不多。2011年，網飛公司採取顛覆措施，將業務重點從DVD轉向串流媒體，股價下跌80%。很少有董事會和投資者可在近期需求爭議極大時直視這種陣痛。模糊不清的長期威脅，看起來似乎並沒有眼下的困境那麼危險。畢竟，老牌企業需要保護現有收入，而創業者只有上升的機會可以抓住。另外，管理層更善於爲他們熟知的業務制定策略，天生不願意進入他們不熟悉規則的遊戲。換言之，策略的人性面又開始作祟。

最終的結果是：大部分老牌企業都會試水溫，進行一些不會讓當前S曲線趨平並能免於自相殘殺的小投資。這些企業通常對協同效應（始終在尋求效率）過於關注，而不會進行激進的試驗。這種透過試探就可進入圈子的幻想太過誘人，缺乏可信度。許多報紙都爲其分類業務增加線上內容，但很少有報紙願意承擔與傳統收入流衝突的風險，因爲後者當時的規模仍然更大，獲利能力更強。另外請記住，此時施伯史泰德的早期投資尚未獲得任何回報：這樣做的結果，看上去和別人沒什麼不同。

當然，隨著時間推移，更有力的行動變得十分必要，高階主管必須保證能夠透過多種方案，培育可能攤薄獲利的小規模下一代業務。管理這樣的業務組合需要能夠高度容忍形勢的晦暗不明，需要高階主管能夠適應不斷變化的公司內外部條件，同時始終保有爲股東實現可觀業績的願望。問題在於，人們往往會出於短期經濟效益的考慮，以及不願轉向周邊業務的情感因素，而更傾向於保護核心業務。

能認識到一以貫之的現狀不再是基準線，這也是一大挑戰。日雜零售企業奧樂齊低價模式的成功在其初期就已露端倪。然而，許多老牌超市卻選擇以大幅降低入場價格和完善自有品牌的方式，來逃避短期陣痛。事後來看，這些舉動爲奧樂齊掃除障礙，使其在三個大陸獲得持續強勁成長。

第三階段：轉型不可避免

現在，未來已在向我們招手。至少對於一些取得關鍵突破的轉型者而言，新的模式已被證明是優於原有模式的，並且行業也在展開行動。在顚覆的這一階段，爲了加速自身轉型，老牌企業的挑戰在於要將資源向新業務傾斜，培育第二階段的競爭力。將變革看作對新業務的風險投資，只有快速擴大規模才能帶來收益，而原有業務將採取私募股權的方式退出市場。

做出這種艱難轉變需要克服惰性，哪怕公司看上去形勢大好。我們都已看到，策略的人性面會使資源以「抹花生醬」方式進行分配，因此企業很難實現明顯的轉向。

最艱難的階段

事實上經驗告訴我們，第三階段是老牌企業最難度過的一個階段。隨著企業業績開始受損，預算收緊，這些企業會自然而然地停止在周邊業務上的進一步動作，轉而專注核心業務。主要決策者通常都來自最大的業務中心，不願意爲了前景不明的創新業務而讓仍可獲利（但成長更爲疲軟）的業務缺乏資源。結果，領導層往往在新方案上投資不足，但卻提出很高的業績要求。傳統業務繼續享受最多資源。此時，主要的施壓方使得企業更加不願意，也更加沒有能力解決這些問題。在策略人性面的影響下，企業往往在最需要積極調配資源和大力投資之時，無法發揮資源的作用。

在這一過程中，董事會成爲一個重要的角色。董事會通常不願意（或沒有能力）改變對基準業績的觀點，使問題更加突出。面對業績下滑，董事會往往會給管理層施加更大壓力（可以理解），以便採用當前模式實現雄心勃勃的目標，而無視進行深入變革的需求。這只會讓問題在未來進一步惡化。

由於開始總是行業內實力較弱的企業受到的衝擊最大，在這一階段，以前占據強勢地位的老牌企業可能會因此變得盲目自信。「這不會發生在我們身上」，這樣的說法太過誘人，但缺乏可信度。關鍵是要密切關注相關驅動因素，基於財務結果的後知之明並沒有用。有一個故事說：「我不需要跑贏熊，我只需要跑贏你。」但對於行業性的顛覆，這種策略只不過是爭取到一點時間，因爲熊還是會繼續追趕，最後還是會抓到你。

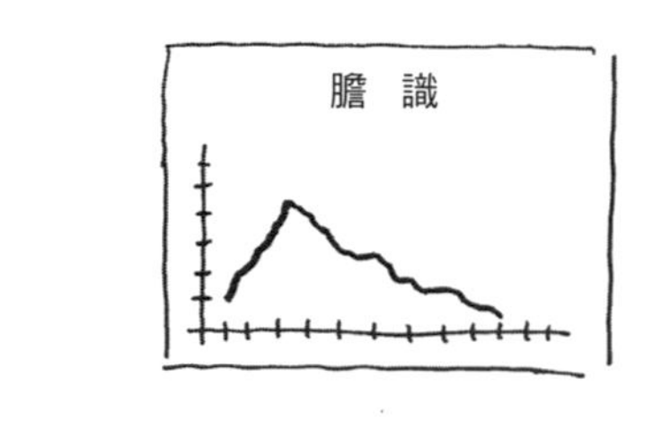

即使過程已經合理明確，也可能很難讓團隊走向新的方向。某亞洲高科技製造商在進軍新能源產業時，沒有一位高層成員想要負責該業務。公司從外部聘請一位主管，但他從來都無法從核心業務部門獲得足夠資源。儘管策略是對的，但缺乏強勢的領導人導致最終失敗，僅僅一年後，該業務項目就以白白浪費1000萬美元收場。同樣，一家澳洲的銀行希望進軍印尼市場，以把握消費成長和數位化經濟的趨勢。但在詢問有沒有人自願建設這一新的成長支柱時，沒一位高層成員舉手，因此該公司直接放棄了這個計畫。

爲獲得這一階段所需的加速度，老牌企業必須大膽而堅決地重新配置資源，從舊模式轉向新模式，並顯示出採取與舊業務不同（且常常獨立於舊業務）的方式經營新業務的意願。最好的例子，也許是2013年施普林格報業集團（Axel Springer）撤離部分最強大的傳統紙媒產品（當時約占其銷售額的15%），將其出售給德國排名第三的紙媒巨頭馮克傳媒集團（Funke Mediengruppe），出售的產品包括《柏林晨報》（*The Berliner Morgenpost*），1959年以來一直爲施普林格所有，之前是企業DNA的核心組成部分，代表集團的新聞文化，但已風光不再。施普林格認識到，**企業的未來價値不在於延續今天的獲利，而是創造新的經濟引擎**。德國版《金融時報》稱這家德國傳媒公司是「純粹的網路矮子」，直到2005年才開始行動。[10]

接下來施普林格開始不斷主動出擊，到2013年已收購67項數位媒體資產，啓動90個計畫。最重要的是選擇進軍線上分類廣告這一高利潤高成長的領域，並加倍下注。與施伯史泰德一樣，施普林格的案例表明，老牌企業即使轉型起步較晚，但只要全力投入也可獲勝。現在，施普林格超過80%的稅息折舊及攤銷前利潤，都來自數位媒體。

如果老牌企業內部沒有能力開展新業務，則必須考慮**收購**。這方面的挑戰是，要在業務模式得到檢驗與估値變得過高之間找準收購時機，確保其成爲所收購業務理所當然的「最佳所有者」。金融業的典型案例，是西班牙第二大銀行BBVA收購網路銀行Simple，以及第一資本金融公司（Capital One）收購設計公司Adaptive Path。

第四階段：適應新常態

在最後這一階段，顛覆已成規模，行業已發生根本性的改變，企業別無選擇，只能接受現實。老牌企業的成本基礎與新的（可能更窄）利潤池（profit pools）不適應，獲利不斷萎縮，企業發現自身處境非常糟糕，難以獲得有利市場地位。

這就是當下紙媒的現狀。分類廣告的「金河」已乾涸，生存成爲首要任務，成長退居次席。2013年，澳洲費爾法克斯傳媒（Fairfax Media）執行長在國際新聞媒體協會世界大會上發言稱：「我們知道在未來的某一天，城市市場中將以數位媒體爲主，或只剩數位媒體。」[11]確實，一些傳統大報已經建立強大線上新聞管道，擁有很高的流量，但顯示幕廣告和付費牆本身還不足以創造豐厚的收入流，社交聚合網站正在繼續推動分類交易。典型的傳媒企業必須進行多輪痛苦的重組和整合，培育增長，並尋找將品牌變現的機會。

對於施普林格和施伯史泰德等已經實現飛躍成長的老牌企業，適應階段也帶來新的挑戰。如今，它們是以數位業務爲主的企業，必須完全承受該領域特有的波動和節奏。它們沒有沉浸在過去的成就上，而是藉由不斷的自我顛覆適應新的形勢。想想臉書在2013年改變業務模式，轉向「移動優先」；中國的騰訊（Tencent）讓基於智慧型手機的微信，與原本占據支配地位的桌上型電腦社交平台QQ搶占市場。你不能滿足於第一次的顛覆；你必須不斷顛覆。

有時，老牌企業的能力與舊的業務模式緊緊聯繫在一起，如果透過重組重生的辦法走不通，**退出**才是保值的最佳方式。例如伊士曼柯達公司（Eastman Kodak Company）如果更快地放棄照相機業務可能會更好，因爲該公司爲了挽救該業務的諸多策略，最後都以失敗告終。如果業務所依託的傳統技術與新的標準完全不同，即使完美預料到底片或CD的終結，也無法解決數位化替代方案在根本上獲利能力更低的核心問題。

而策略的人性面，又一次讓轉型變得更爲複雜。與施普林格不同，大多數企業發現，要割捨一項具有自身發展里程碑意義的業務非常困難。如果某位自負而又成功的資深主管長期以來一直掌控一項業務，執行長就很難從他那裡抽走資源，即使該業務面臨風險。董事會和管理層會發現，很難屏棄舊有觀念，包括關於獲利能力的假設。在許多公司，再沒有比他們最初創建的業務，更珍貴且神聖不可變更的事物了。

企業面臨的挑戰，是要適應利潤池的新現實並從結構上調整成本基礎，接受可能利潤比「金河」微薄得多的「新常態」。

雖然順應趨勢十分困難，但下一章會有一些好消息：我們精選了一些重大行動方面的案例，可幫助你重新定位業務，跑贏趨勢。

從一開始來到這邊似乎已經耗費許多時間，但接下來我們終於可以進行最重要的探討了。現在，你已經獲得外部觀點，這可幫助你建立業績基準，思考實現重大成功的機率，了解自身原有優勢以及將會影響到你的趨勢。

現在你可以提出最重要的問題了：我要採取的重大行動是什麼？

為感謝在我之前領導公司的所有前輩，
我們還是穩妥為上。

第 7 章

採取正確行動

關鍵的轉機，主要取決於5項重大行動。

重大行動乍聽很嚇人，其實是最穩健的賭注。

而最佳的策略是從小處著手，

有意識地逐步採取一系列規模不大的行動。

如前所述，人們在討論策略時常常會抓不住重點，你需要做的事太多——提高市場占比，贏得下一個大客戶，提高利潤率等。因此你可能操之過急，在策略會議開始討論時就提出重大的策略選項，而這本應在幾周後才開始討論。現在，你深深陷入五年策略計畫中第一年的經營預算細節難以自拔。所有事都在不斷累積。

這會讓大多數人疲憊不堪，我們的研究也顯示，漸進式成長不會讓公司獲得長遠發展。事實上，**漸進式成長會增加低績效的風險**。

爲幫助我們遠離漸進主義，專注於重點工作，本章將介紹對成功機率影響最大的5項重大行動。清單很短，可確保策略會議的討論集中在這些事項上，不會陷入那種招架不住的困境，並從此眞正獲得成功。

首先要立足於**優勢**。看看公司的規模、債務水準和研發投資，目前擁有哪些資源和優勢。此外還要**順應趨勢**，這同樣也基本上不受人爲控制，但可透過調整資源配置來把握機會，從而形成影響力。行動是行爲，是關乎你在做什麼，我們可以更明確地掌控行動。**行動是最有力的踐行，是最重要的成功因素之集合，也是力量的源泉**。

我們先簡要介紹之前提過的5項重大行動：系統化併購與撤資、資源再分配、資本支出、生產力提升、差異化改進。每個執行長的待辦事項清單上都有這些行動的大部分或全部——誰不會對提高生產力，或投資成長機會感興趣呢？但必須牢牢記住的是，這5項重大行動：

- 非常重要，與任何其他因素相比，它們**更能預測成功**。
- **需要足夠努力**，才能確實改變企業攀登經濟利潤曲線的機率。

- **多管齊下最有效**——優勢或趨勢越差，所需的行動力道越大。

在與企業領導人交流後我們發現，令他們最感意外的是，眞正需要採取的重大行動之力道竟如此之大。我們與世界各國企業領導人數十年的交往經歷和諮詢經驗顯示，許多團隊往往虎頭蛇尾，起初雄心勃勃，結果卻不了了之。爲什麼改變成功機率的重大行動如此難以落實？如前所述，如果僅僅是因爲覺得行動的規模很大，很難做到或需要大量資源，這不一定就是「重大」行動。你需要有一個外部的參照點：**重大與否，必須是相對於其他企業的所作所爲而言的**。你必須放眼世界，而不是坐井觀天。

重大行動乍聽很嚇人。而避險是人類天性，貫穿於許多企業的各層級。執行長可能熱中於兌現季度業績，而非思考10年願景：「事關我的功績，我不會讓收購把事情搞砸。」另外，管理層也沒有做好承擔新計畫相關風險的準備。有人擔心如此一來便無法實現心中那宏偉的目標，或覺得這就是一些制約個人職涯發展的行動。有人害怕忽略其他重點工作，從而使資源過於分散。或者，也許公司創辦人或董事長已經賺到無數財富，不希望承擔可能會讓財富或社會地位灰飛煙滅之風險。你曾經以爲，一朝是創業者，終身都是創業者，但現實並不總是如此。我們不止一次地看到非常成功的創業者變得謹小愼微，讓團隊的工作重點放在漸進式成長，「讓明年比今年更好一點。」許多企業家都同意，具備開拓進取精神是好事，只要不替自己招來職涯風險。

在許多情況下，最後往往演變爲相互指責。印度某消費品企業的執行長指責一線部門：「我們的策略很好，但負責的業務團隊卻執行不力。」其他人則認爲是策略有問題，或者執行長有問題，或者兩者都有問題。當企業在經濟利潤曲線上的進展不如人意時，人們會更偏向將其歸咎於意外的「一次性影響」。

誰能提出徹底改變我們行業遊戲規則的
大膽計畫，又不會讓我大動肝火？

重大行動至關重要

我們能深切地感受到這些問題，因爲它們本身包含了人類的弱點。但我們的研究發現，如果要提高沿經濟利潤曲線上升的機率，採取重大行動至關重要。因此，只是認知到發起重大行動本身是件難事是不夠的。我們必須繼續向前，朝向重大行動可能成眞，哪怕只是鼓勵成眞的目標邁進。

幸運的是，只要在策略會議開一扇窗，將目光投向外面的世界，就可利用這些經驗和從中得到的啓發而改變命運。這並非因爲它們是另一套資料，而是因爲經由策略調整和檢測，可以改變策略會議內的對話。你的觀點將極具說服力，有確鑿證據證明重大行動的重要性。

正如我們所看到的，位於經濟利潤曲線中間三組位置的公司，有8%機率在10年間提升到前五分之一。採取1、2項重大行動，以足夠的力量扳動這5個槓桿中的1、2個，機率就會提升一倍以上，達到17%。採取3項重大行動，可將機率提高到47%——這完全令人無法拒絕，如我們所見，巴斯夫、日本影像及光學大廠柯尼卡美能達（Konica Minolta）和日本啤酒大廠朝日（Asahi），都藉由多項重大行動，成功提升在經濟利潤曲線上的位置。採取3項或3項以上重大行動的企業，從中間三組位置上升至前五分之一的可能性提高6倍。

不幸的是，很少有企業會眞正動起來，它們幾乎連一項重大行動都不敢採取。處於經濟利潤曲線中間位置的所有企業中，大約有40%在10年間根本沒有採取任何重大行動；另外近40%的企業僅採取一項重大行動（見下頁圖24）。事實上位居後五分之一的企業更加積極，這說明業績差也是一種變革的推動力。

在2000年至2004年和2010年至2014年期間，我們研究的企業中有60家執行了4、5項行動。這些眞正採取重大行動的優秀企業中，有40家行動網路公司成功提升，而其他同類型公司也沒有出現下滑現象。請稍微思考一下，沒有一家執行4、5項行動的公司在經濟利潤曲線上下滑，如果這都不能讓你的思考活絡起來，我們也無計可施了。

圖24 **重大行動罕見而寶貴**

只有23%位於中間分組的企業，採取2項或2項以上的重大行動

2000年—2004年至2010年—2014年期間採取的重大行動

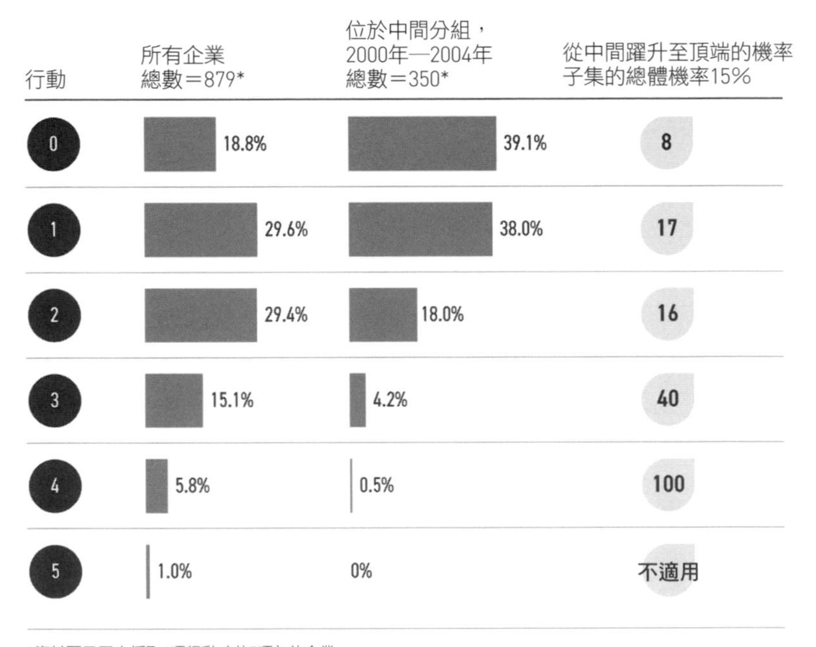

*資料顯示至少採取4項行動（共5項）的企業

資料來源：McKinsey Corporate Performance Analytics™

在執行了4、5項行動的60家企業中，有2家從中間分組提升至前五分之一；22家從後五分之一直接躍升到前五分之一（見下頁圖25）。

圖25　**重大行動執行者**

24家企業採取4項或4項以上的重大行動，躋身頂端

名稱	行業	國家／地區	期初類別	期末類別
安捷倫科技公司（Agilent Technologies Inc）	生命科學器材和服務	美國	底部	頂端
拜爾集團（Bayer AG）	製藥	德國	底部	頂端
加拿大貝爾（BCE Inc）	綜合電信服務	加拿大	底部	頂端
中國中信股份有限公司	綜合性企業集團	香港	底部	頂端
大陸集團（Continental AG）	汽車零組件	德國	底部	頂端
康寧公司	電氣設備、儀表及零組件	美國	底部	頂端
直播電視集團（DirecTV）	傳媒	美國	底部	頂端
華特迪士尼公司（Walt Disney Co）	傳媒	美國	底部	頂端
固特異輪胎橡膠公司（Goodyear Tire & Rubber）	汽車零組件	美國	底部	頂端
哈利伯頓公司（Halliburton Co）	能源設備與服務	美國	底部	頂端
哈里斯公司（Harris Corp）	通訊設備	美國	中部	頂端
日本航空株式會社（Japan Airlines Co Ltd）	航空公司	日本	底部	頂端
株式會社小松製作所（Komatsu Ltd）	機械	日本	底部	頂端
三菱電機株式會社（Mitsubishi Electric Corp）	電氣設備	日本	底部	頂端
孟山都公司（Monsanto Co）	化工	美國	底部	頂端
諾斯洛普格魯曼公司（Northrop Grumman Corp）	航太和國防	美國	底部	頂端
精密鑄件公司	航太和國防	美國	底部	頂端
雷神公司（Raytheon Co）	航太和國防	美國	中部	頂端
羅傑斯通訊公司（Rogers Communications）	移動通訊服務	加拿大	底部	頂端
羅爾斯—羅伊斯控股有限公司（Rolls-Royce Hldgs Plc）	航太和國防	英國	底部	頂端
斯倫貝謝有限公司（Schlumberge Ltd）	能源設備與服務	美國	底部	頂端
喜達屋酒店與度假村集團	飯店、餐飲與休閒	美國	底部	頂端
泰勒斯電訊公司（Telus Corp）	綜合電訊服務	加拿大	底部	頂端
二十一世紀福斯公司（Twenty-First Century Fox）	傳媒	美國	底部	頂端

資料來源：McKinsey Corporate Performance Analytics™

這一組的企業包括：重型機械製造商小松集團、飯店營運商喜達屋酒店、傳媒巨頭迪士尼和二十一世紀福斯、加拿大泰勒斯電訊、航太和國防供應商羅爾斯—羅伊斯控股、精密鑄件、哈里斯公司、雷神公司和諾斯洛普格魯曼以及其他著名品牌，包括日本航空、固特異和三菱電機等。經濟利潤的成長不一定會伴隨銷售額提高，例如這一階段的後期，固特異是在營業收入下滑的情況下實現利潤率成長的。

通訊技術公司哈里斯在這10年間採取5項重大行動中的4項：系統化併購與撤資、動態重新配置資源、在勞動力和管理方面提升生產力、毛利率提升方面的差異化。請參考下頁圖26中這些行動的變化量表。哈里斯公司還受益於行業大趨勢、低債務和過去較高的研發支出。由於實現了10種槓桿中的7種，也是哈里斯公司有80％機率從經濟利潤曲線中部提升至頂端的原因所在。在此10年期間，相關行動創造的股東總報酬實現了13％的年複合成長率。

康寧的故事

在此10年期間，康寧採取了所有的5項重大行動，一舉從曲線底部躍升至頂端。公司的銷售效率提升80％，毛利率提高14％，銷售管理費用占比下降30％；在資本支出上花費140億美元，在收購上淨花費32億美元（12項收購，9項撤資）。雖然起點處於後五分之一，但是康寧爲自己贏得78％的機率至少提升至中間三組，以及49％的機率提升至前五分之一。

圖26　**哈里斯公司的變化量表**

4項重大行動加上有利的行業趨勢，將哈里斯公司推到曲線頂端

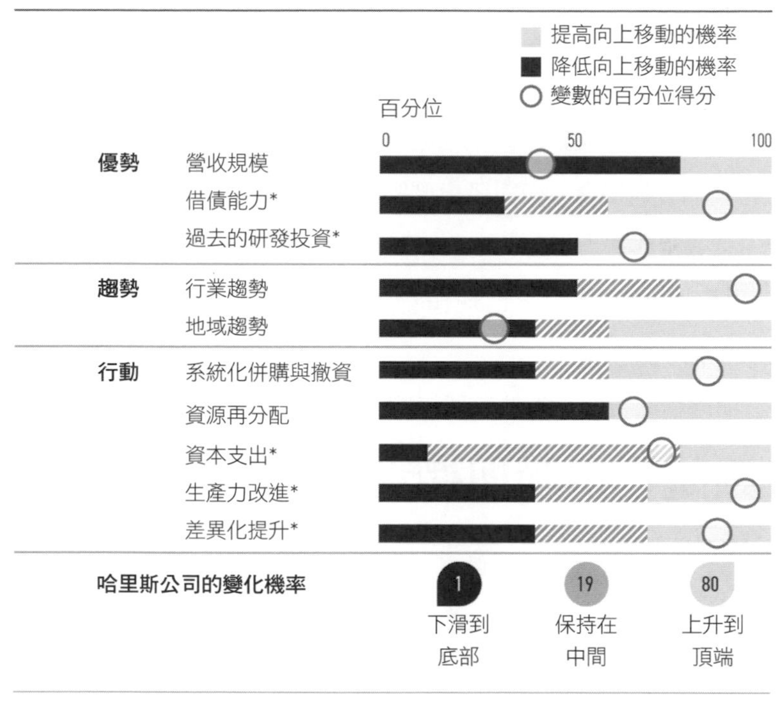

*相對於行業

資料來源：McKinsey Stategy Practice（出奇制勝模型v. 18.3）和Corporate Performance Analytics™

康寧的年均經濟利潤提高大約17億美元。特別要指出的是，90%的經濟利潤提升要歸功於公司本身，是康寧採取的重大行動而非市場或行業因素帶來此一變化。

康寧的故事要比數字本身更迷人。這家歷史悠久的公司有著輝煌過去，曾經爲愛迪生的燈泡生產玻璃，爲阿波羅的登月著陸器生產窗戶，

並生產世界上首條光纖電纜。但在二十一世紀初，康寧卻面臨嚴峻挑戰。由於在電訊業務上投資巨大，網路泡沫的破滅使其遭受沉重打擊，收入腰斬，利潤變為巨額虧損，股價從2000年9月的高峰跌至2002年10月的谷底，跌幅高達99%。

康寧的復興方案是平衡業務結構，嚴控成本基礎，同時繼續投資於研發和長期成長機會。面對股東們給的壓力，最後一項行動的採取尤為難得。依靠這些重大行動，康寧一舉翻身，創造令人矚目的成績。

下面我們來詳細分析這5項重大行動，以及它們為何如此重要，過程中將穿插一些例子。

系統化併購與撤資

75%的併購終將失敗的偏見早已被打破。它僅僅是基於與「見光死效應」有關的統計資料，並未反映企業價值創造的實際情況（而且還有許多規模較小的交易並未公布，而其累積影響卻是不可忽視的）。併購確實是促進成長的一大槓桿，但成功與否很大程度上取決於企業選擇的併購方案類型。①

務實的併購是最穩健的道路。我們的研究發現，最成功的併購方式是持續多次採購，平均每年至少進行一次，10年累計金額達到市值的30%以上，但任何一項交易的金額不會超過市值的30%。滿足這一併購標準的企業突破眾多障礙，最終完成重大行動。

這些發現具有極為重要的意義，因為併購需要透過不斷的交易鍛煉相關能力，需要透過實踐逐步累積一系列能力。藉由多年（常常會持續數十年）務實的併購，企業將眞正成爲識別收購對象、精通談判，和整合藝術的行家。

而交易經驗太少的企業，即使面對僅有的幾項交易也很難做好。俗話說熟能生巧，我們的研究也發現，數量較少而規模較大的交易，往往會損害企業的價值創造。

康寧證明這一行動的價值，該公司始終努力保持充分的併購意向專案，約爲年度預算的5至10倍，以便經由收購增加收入。根據康寧的觀點，每年完成3項交易，意味著需要對20家公司開展盡職調查並參與5家競標。

施普林格和WPP，也證明務實併購的價值。

德國出版巨頭施普林格在2006年至2012年期間完成67項收購，其中大多數爲小型收購，主動推出90種新刊物並中斷了8種，果斷實現從紙媒向數位媒體的轉型。公司嚴格的併購方法使其在數位時代牢牢站穩腳跟，10年期間的股東總報酬保持10％的年複合成長率。

全球行銷巨頭WPP是務實併購的一個典範，雖然在本書撰寫之時公司的發展勢頭有所減弱。早年，WPP在成功地從工業製造向行銷服務轉型後，重大併購成爲其在新行業實現規模化發展的最快途徑。1987年，WPP以5.66億美元價格收購智威湯遜（JWT）；1989年，以8.64億美元的價格收購奧美（Ogilvy）。這些收購項目確實很大，WPP也承認其資產負債表不再遊刃有餘。但從那以後，WPP的併購方向開始走務實路線，成爲其最強有力的優勢之一。在本書所取樣的10年期間，WPP

完成271項收購（相當於每兩周一項以上），比排名第二的阿爾法貝塔公司（Alphabet Inc，Google母公司）所完成的交易數量多60%。取樣開始時，WPP位於經濟利潤曲線的中部，平均經濟利潤800萬美元；到取樣結束時，它已經進入前五分之一，平均利潤達到6.77億美元。在此期間，公司創造的股東總報酬實現11%的年複合成長率。

持續不斷的併購有利於避免「反省詛咒」（the curse of introspection），此外也可增強業務能力。併購以及合併後整合項目的能力不是與生俱來的，而是經由不斷的實踐才能掌握。

積極的資源重組

在三明治上抹花生醬味道不錯，但資源重組工作和味道無關，「抹花生醬」方法無法確保將資源（資本、營業費用和人才）配置到公司最重要的成長機會上。平均分配資源會讓那些無意或無法取得重大突破的部門獲得過多資源，而讓那些本可以把握重大機會的少數部門缺乏可用資源。策略的人性面會導致「抹花生醬」的傾向，在資源配置決策上產生慣性。

所需的資源重組並不局限於行業、地區、經營部門、業務單位、專案、產品或客戶群，其範圍涵蓋以上所有方面。打破慣性，將資源從低績效部門釋放，然後轉移到高績效部門，將會在企業各層級創造價值，不論你如何定義這些部門。當然，問題在於在一個資源有限的世界裡，向某個部門重新配置資源，意味著要減少另一個部門的資源，這也是摩擦和慣性的根源所在。

藉由恰當的預算分配，
各位將可看到超有感的經濟利潤提升。

接下來的這個事實，可謂說到每個執行長的心坎裡：在這個執行長任期快速縮短的時代，在任職最初幾年積極向新成長領域重新配置資源的執行長，保住飯碗的時間一般要比那些遲遲不願行動的同行更長。②

動態的資源重組會創造價值，分析結果也十分明瞭。在10年內跨業務部門轉移50％以上資本支出的企業，與資源調配力道低於這一水準的企業相比，同期創造的價值要高出50％。同樣，僅僅轉移一些是不夠的。必須跨過50％的門檻，才能顯著提升進入前五分之一的機率。

英國一家消費品公司利潔時（Reckitt Benckiser），在決定重新選擇經營重點時採取一項重大行動，兩周內就將前景看好領域的資源配置係數增加250％。維珍集團（Virgin）董事長理查．布蘭森（Richard

Branson）堪稱資源重組的領軍人物，他也由此累積大約50億美元的個人財富。他最初經營唱片行，後來轉向音樂領域，接著是民航業。他所在的維珍集團現在掌控四百多家公司，但他仍在不斷向前景看好的領域重新配置資源，例如可再生燃料、醫療保健，甚至太空旅行和伊隆．馬斯克（Elon Musk）的超級高鐵專案。

早在2017年下半年同意向華特迪士尼出售價值524億美元的資產之前，二十一世紀福斯公司就已經調配資源用於支持媒體消費習慣的變化了。福斯公司退出傳統紙媒，專注於電影內容和廣播。2001年，新聞集團（News Corp.）50%的營收都來自紙媒，僅有6%來自有線電視網路節目；在撤離紙媒資產並改名後，二十一世紀福斯公司三分之二的營收都來自有線電視，並且沒有一分錢來自紙媒。在此10年期間，股東總報酬保持10%的年複合成長率。

2011年萬豪敦出任飛利浦執行長時，公司開始出售其傳統資產，包括電視機和音響業務。在此次結構調整完成後，飛利浦透過將資源重新配置到更有前景的業務（以口腔護理和醫療保健兩個領域爲主）和地區，成功使公司再次恢復活力。例如飛利浦開始嘗試管理三百四十多個以業務和市場組合爲單位的業績和資源配置，包括中國的電動牙刷和德國的呼吸護理業務。成長從此加速，其面向消費者的業務曾是公司裡業績最差的，5年後卻遙遙領先。

百年老店丹納赫（Danaher）一直積極進行資源重組，以此讓公司保持活力與創新。丹納赫最初是一家房地產投資信託公司，現在旗下擁有一系列科學、技術和生產製造類企業，覆蓋了生命科學、診斷、環境和應用解決方案以及牙科等領域（但這些領域也會定期接受評估和再次裁減，以避免資源配置上的慣性）。

丹納赫確保讓自身的結構和流程能夠創造資源流動性，以便在任何時間點追逐最佳機會。公司採用類似私募股權企業的方法，管理團隊一半時間都專注於資源的重新配置，包括併購機會、內生性投資機會和撤離投資機會。丹納赫之所以取得成功，一個基礎性的流程——丹納赫的業務系統DBS功不可沒。該系統運用精實生產和持續改進等概念，判別最佳的投資機會，推動營運改進以釋放資源，在所收購的業務中形成世界一流的能力。③

在我們的研究期間，丹納赫始終位居前五分之一，但透過動態資產重組、業務模式差異化以及務實的併購等重大行動新增5.12億美元的經濟利潤，進一步提升其在經濟利潤曲線上的位置。在此10年期間，股東總報酬保持12%的年複合成長率。下頁圖27顯示丹納赫是如何積極主動重組資本的。

重新配置不限於業務板塊之間的資本支出，業務內部的重新配置也十分重要，營運費用的重新配置也是如此。北美一家綜合性工業集團按產品線分析其在美國各市場板塊的研發和銷售支出。該公司使用一種分析流程來尋找屬於「維持」（sustain）類的產品，特點是雖可獲利但不一定最有吸引力，其主要目的是維持當前利潤率而非追求成長。

這種流程使用多個篩選條件來尋找「維持」類產品：該產品是否會稀釋利潤率？是否會稀釋成長？它的市場是否有吸引力？公司是否在該市場擁有策略優勢？該產品是否重要到需要釋放可觀的資源？該產品與

整個組合內的其餘部分是否充分獨立（以降低因減少配置導致的負面溢出效應）？公司在80種產品中找到15種「維持」類產品，從這些產品中可釋放3500萬至4500萬美元的研發和銷售支出以進行重新配置，約占該部門配置總額10%。

圖27 **丹納赫的動態資源再分配**

丹納赫大幅將資本支出從原有領域轉向新領域

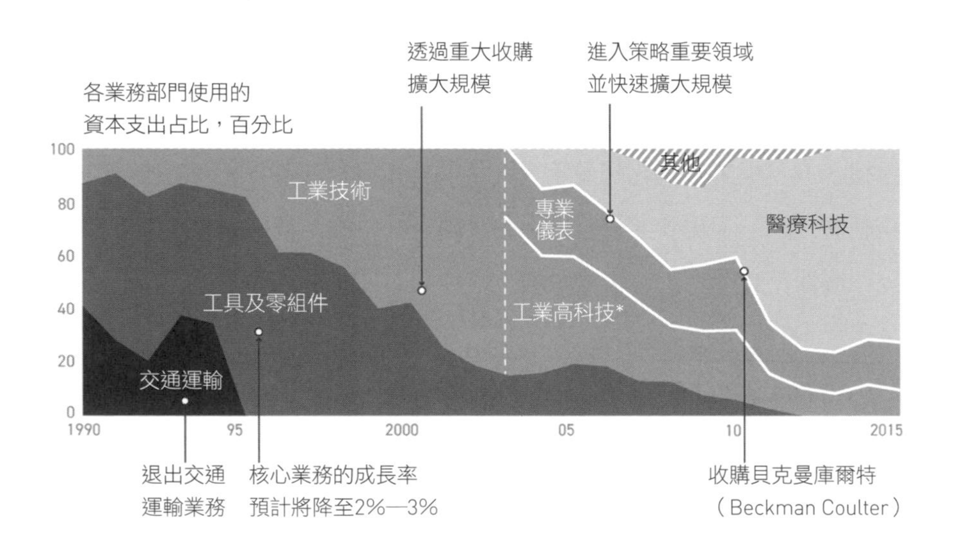

*該部門於2003年分拆為專業儀表和工業高科技兩部分

資料來源：Compusat、年度報告

如欲重新配置，必先減少配置

一切聽起來都很美妙，但資源的重新配置往往並不容易。如果資產負債表並不寬裕，在第一輪年度工作計畫（一般在10月31日）之後很明顯沒有資源可供調配，則此時重新配置資源的嘗試更令人嘆服。此外，當具有重要策略意義的併購機會出現時，你可能恰好沒有資源。

突然從某個部門抽走資源的難度，要遠高於分發資源，因此需要提前計畫。在1月削減資源，將有利於在8月分發資源。

辨別可能的失敗者，通常要遠比辨別可能的成功者容易，我們認識的大多數高階主管都非常善於認同哪個業務將會失敗（除非是他們自己負責的業務）。因此，你只能削減一些部門的成本。你還可以經由籌集資本以及出售資產或業務來儲備資源。

策略的人性面會導致資源配置工作變得很困難。慣性的影響很大，組織壁壘也是如此。我們往往不會注意資源是否用在刀口上，也不關注資源的共用或轉移方式。沿著公司的組織結構往下看，你會發現內部視角變得越來越牢固。

強健的資本方案

第三項重大行動是，要比行業擴張得更快。當你的資本支出／銷售額比率在至少10年內都超過行業中間值的1.7倍時，則應在重大行動中增加資本支出工具。

成功的資本方案會進行專案進展管理：**不要只投資「划算」的方案，一定要投資一些風險略高的中期方案，以及一些風險甚至更高的長期方案**。一定要確保投資項目儲備充分。

在網路泡沫破滅、市場對半導體的需求急劇下滑時，台灣半導體企業台積電（TSMC），成功實現逆循環（anti-cyclical）成長。在危機最嚴重的時候，台積電購買了關鍵設備，做好需求隨時回升的準備。危機發生前台積電與競爭對手勢均力敵，但憑藉在危機最嚴重時的投資策略，危機結束後很快便遙遙領先對手。這為後來其技術領先地位之確立奠定堅實基礎，使其一躍而成為全世界規模最大、最成功的純半導體製造企業之一。在此10年期間，公司的總股東報酬保持在15%的年複合成長率。

加拿大國家鐵路公司（Canadian National Railway，CN）借助一項重大資本支出計畫躍升至前五分之一。2005年至2014年，該公司在資本支出上花費170億加幣，高達該公司2004年總資本的85%。但投資並非雜亂無章地亂撒錢，公司鐵路網的線路里程在此期間基本未變。大部分軌道資本支出都用於維修和升級，以提高路網的效能和營運效率，例如建設更長的調車線以配合更長的列車。在此10年期間，股東總報酬保持18%的年複合成長率。這使原先的國有加鐵公司，成為有史以來最成功的私有化案例之一。

對於福特斯庫金屬集團（Fortescue Metals），機會在於趁鐵礦石價格強勁時建設旗下的皮爾巴拉（Pilbara）礦山，最終從無到有，締造一家重要的全球性礦業公司。而對於海港裝卸公司派翠克史蒂夫多雷斯

（Patrick Stevedores）而言，機會在於用自動化代替人工勞動，提高吞吐能力，降低成本，增強安全性，並且贏得與工會談判的一些資本。

當然必須要保證投資流程眞正嚴謹和穩健。如果投資項目不能創造至少與資金成本相當的回報，那麼實際上就是在破壞股東價値。同樣，這也是我們在觀察經濟利潤曲線時，利用經濟利潤來衡量財務表現的原因。經濟利潤是指扣除資本費用後的利潤。

資本支出須謹慎

資本支出本身並不能保證策略的成功。如無相關需求作爲支柱，額外的產能就是過剩產能。資本支出的結果可能爲正，也可能爲負，這取決於是否基於優勢資產或洞見。不同於其他重大行動，資本支出明顯是不對稱的：其他行動不僅可提升公司在曲線上上移的機率，同時還會降低業績下滑的風險。而資本支出更像是放大器，可能加速成功，也可能加速失敗。

桑托斯（Santos）的案例就值得我們警醒。這家澳洲天然氣公司的合約一直與原油掛鉤，2011年至2014年，該公司大力使用資本支出槓桿，四處投資開發新專案，並擴大現有的銅礦資產。金融危機後原油價格暴漲，穩定在大約每桶100～120美元水準。4年時間裡，桑托斯投入大約100億美元的資本支出，這在專案投入生產前便帶來極其高昂的成本，嚴重拖累公司的經濟利潤。在大舉投資期間，桑托斯滑落至經濟利潤曲線的後五分之一。也許這本來也沒什麼，因爲大規模專案的投入生產和創造價值都需要時間，但2015年油價慘遭腰斬，始終未能完全回復。毫無意外，桑托斯發現公司很難處理後續的現金流問題。

出色的生產力改進能力

生產力改進方案是管理層最青睞的工具，它們在管理層的控制之下具有相對的確定性。豐田（Toyota）等公司的發跡，便依賴於其先進的生產力優勢。但是，每個人都在做這類方案，它們真的有效嗎？是否真的有助保持企業與行業齊頭並進的勢頭呢？

生產力改進方案在你**設置了明確的標準**時才真正具有意義。必須在10年內實現比行業中間值高25%的生產力改進。如果行業生產力每年提升2%，那麼必須每年穩定提高大約2.5%。這看起來不太高，但少有公司能做到在10年間比行業內其他企業高25%。

你的績效槓桿似乎卡住了。

這通常需要公司採取與衆不同的方法，並付出相當大的努力。根據我們的經驗，六標準差、精實生產以及其他方法在過去幾十年裡極大地促進生產力的顯著改進。[4]但比方法更重要的是生產力改進方案本身。能夠促使整個組織長期穩定地提高生產力，並掌握對最終效益的影響，才是眞正的差異所在。在這方面，豐田的成功主要歸功於其建立了持續改進生產力的企業文化，並深深根植進整個公司，不斷進行鞏固與強化。

跑得雖快，但毫無效果

令我們驚訝的是，許多公司確實感覺自己跑得相當快，但與競爭對手相比卻沒有任何效果。在生產力上的不懈努力，最終常常會讓位給定價，或者更糟糕的是，在公司其他部門獲得收益後就被丟棄，這就是可怕的「德國臘腸效應」：你在這一端擠，肥油將會滑至另一端。

汽車公司斥鉅資將車型的產品生命周期，從12年縮短到7年、5年甚至更短的「更新率」，但所有同行都這麼做，也就沒有哪一家能獲得持續的優勢。在一九九〇年代，英特爾（Intel）與超微半導體（AMD）公司在晶片領域展開生產力的競爭，雙方花費數十億美元，結果基本上還是勢均力敵。這一現象令人不禁想起美國和蘇聯之間的軍備競賽，雙方都以令人咋舌的速度發展，但沒有任何一方獲勝。直到一九八〇年代中期，雷根總統開始大幅增加軍備支出，遠遠超過蘇聯的水準，同時採取重大行動，這才取得領先地位。

全球玩具和娛樂公司孩之寶（Hasbro）憑藉在生產力方面的重大行動，成功進入經濟利潤曲線的前五分之一。公司曾經面臨管理複雜業務組合的挑戰，要透過龐大的全球外包供應網路進行管理。勞動密集型流程和不同時區之間的溝通延遲導致效率低下，隨著大趨勢變得不利，公司的發展再也難以爲繼。玩具領域收入驟降，孩之寶的財務狀況受到沉重打擊，出現1.04億美元營業虧損。後來孩之寶啓動扭虧行動，縮小規模並專注在核心品牌（如變形金剛、玩具卡車品牌湯卡、創意黏土培樂多和大富翁等）以提高獲利能力。[5]

接下來的10年裡，孩之寶不斷整合業務部門和網路商店，投資於自動化流程與客戶自助服務設施，減少人工，削減造成損失的業務部門。公司的銷售管理費用占比從我們對其研究之初的平均42%降至10年後的29%。事實上，銷售效率也得到大幅提高。在此10年期間，孩之寶裁減超過四分之一的勞動力，但總收入仍成長33%。2000年加入孩之寶的執行長布萊恩．戈德諾（Brian Goldner）功不可沒，他接手公司陷入困境的美國玩具業務後，成功推出變形金剛系列。在此10年期間，孩之寶的股東總報酬保持15%的年複合成長率。

德國化工企業巴斯夫憑藉良好優勢和樂觀的行業趨勢，成功從經濟利潤曲線中部躍升至頂端，但該公司不滿足於此，在高起點的基礎上採取三項重大行動：務實的併購、資源再分配，以及更重要的，同時改進費用開支和銷售效率。在此10年期間，這些行動幫助公司的股東總報酬實現17%的年複合成長率。

巴斯夫非常重視資本回報率。董事長賀斌傑（Jürgen Hambrecht）

2004年掌權後，「賺取高於資本成本的收益」成爲其10年策略計畫的第一步。這意味著業務經營要盡可能高效，新的資本投資要非常審愼。

巴斯夫認爲，生產力是「強化競爭力」的必要手段。[6]公司的生產力改進與化工行業的同行相比尤其突出。在此10年期間，巴斯夫成功將銷售管理費用占比降低40%，而行業的中間値爲25%。巴斯夫的銷售效率提高110%，行業平均水準爲70%。現在，如果從內部視角來看，大部分管理者會爲25%的管理費用削減和70%的銷售生產力提升歡喜雀躍。但如果從外部視角來看，你會發現自己只是剛剛跟上腳步；在化工行業，你必須做得更好，才能讓生產力向前邁進一大步，眞正形成競爭優勢。

巴斯夫是如何做到的？主要從兩方面入手：**奉行徹底的績效管理，高度重視資本回報率；加入到全球需求成長和行業整合的大趨勢中**。

巴斯夫認爲，公司的一體化（德語Verbund）原則是實現世界一流生產力的關鍵。一體化源自巴斯夫的旗艦工廠。這些工廠可以生產多種多樣的產品，從而實現靈活的產能利用率以及對生產要素的集合使用。現在，巴斯夫在全球有6個這樣的工廠：歐洲、北美和亞洲各2個。一體化的概念已經不僅限於生產流程，而是貫穿了巴斯夫的各個領域，整個公司都形成了合作、知識共用、創新和高效運轉的企業文化。一體化推動了資源消耗（資本、運營成本和人工）方面的效率改進。

生產力十分重要，並且對於已經處於經濟利潤曲線前五分之一的企業而言，甚至比其他重大行動更重要。設計和啓動一個有效、持久的生產力改進方案絕非易事，但在機器學習和人工智慧時代，促成這些方案的新工具正在成爲主流。以前從未聽說過的績效階躍變化（Step Change）現在已可達成，比如在24個月內使研發工程團隊的生產力提升高達30％。⑦

差異化改進

第五項重大行動，側重在**增強業務競爭力**，包括產品、服務甚至業務模式創新的一些更重要的方面。差異化改進還涉及**贏得市場占比**，這是人們經常討論的一個主題；以及**定價**，這雖不如創新那樣迷人，但仍然是相對績效提升的一個重要工具。

這裡的差異化，是指**企業平均毛利率與行業平均水準的比較情況，是對公司產品和服務的客戶價値，進行綜合評價（與競爭對手相比）的一個方法**。根據我們的資料，能夠對公司眞正產生影響所要求的差異化水準是：**30%**。在10年期間，平均毛利率要比行業水準高30％，才能顯著提高在經濟利潤曲線上向上移動的機率。

德國電視巨頭普羅西本薩特愛因斯（ProSiebenSat.1），利用多項創新實現新傳媒時代的業務轉型，成功進入經濟利潤曲線的前五分之一。普羅西本電視台的一個策略是，鎖定可以明顯因大衆傳媒而受益但無力使用現金支付的客戶爲對象，推出「媒體換股票」（media for equity）方案，有效擴大客戶基礎。有一些創新代價很高，有時甚至使現有業務受損。但公司堅信行業終將發生改變，而這是一個性命攸關的大事，獲利能力倒在其次。在我們研究期間，電視台的毛利率從16％提升至53％。

記憶卡生產商晟碟（SanDisk）採取創新的重大行動，最終提高毛利率，10年期間的總股東報酬保持13％的年複合成長率。晟碟是一家市場前景大好的優秀企業，在資本支出、縮小電路尺寸、降低生產成本和增加產出方面均領先同業。晟碟的產品價格高於市場平均水準，公司還大力投資貿易促進業務，並成立一個由專業攝影師公共網路組成的晟碟超級團隊，專門負責即時、持久的社交媒體推廣。在此10年期間，在整個行業的毛利率事實上出現輕微下滑的情況下，晟碟成功將毛利率從40％提高到48％。在我們研究結束時，在良好的行業趨勢之下，晟碟的平均經濟利潤達到9.45億美元，進入經濟利潤曲線的前五分之一。

在我們的研究初期，英國高級時裝品牌博柏利（Burberry）面臨身分認同危機，其奢侈品牌地位也受到威脅。在二十一世紀初，公司標誌性的駝色格紋，已經成爲英國小混混們的「制服」，就是那種喜歡到處生事的白人工人階級的典型著裝。看門警衛和計程車司機看到頭戴博柏利棒球帽、身穿博柏利夾克的年輕人，都會避而遠之。品牌所象徵的精英聲譽，似乎已蕩然無存。[8]

面對這種明顯的變化，博柏利採取包括縱向整合零售通路在內的一系列捍衛品牌行動。公司藉由旗下品牌商店、商場專櫃和獨立網站等方式，大幅擴張零售網點。2004年時，該公司僅有145家門市，占集團銷售收入38％；10年後，該公司擁有497家門市並開闢電子商務通路，貢獻70％的銷售收入。

經由零售通路，博柏利可以更有效地控制顧客與品牌互動的方式：從銷售人員迎接顧客的方式和他們接受的培訓、門市環境和商品陳列，到門市、數位化平台和直接行銷之間的一致性等各方面，都在博柏利的有效掌控之中。零售的加強不僅實現毛利率的提高，藉由透過降低品牌對銷售通路的依賴，也省下給經銷商的利潤，以及提高批發客戶的議價能力等。毫無意外，那些採縱向整合模式並占據優勢品牌地位的零售公司（以及採取大幅度折扣策略的企業），提升其經濟利潤曲線位置的可能性要遠大於傳統的中間市場集中零售模式。

此外，博柏利也引領數位化零售創新的潮流。從2006年執行長安琪拉．阿倫茲（Angela Ahrendts）上任開始，博柏利就提出要「成為首家全面數位化的公司」。社交媒體現已成為該品牌與現代客戶交流的關鍵工具，各大平台關注公司的用戶已經超過4000萬人。博柏利的目標，是為品牌提供無縫銜接的實體店和數位管道互動功能。例如，位於倫敦攝政街的旗艦店推出與產品中內嵌的RFID晶片呼應的數位化互動穿衣鏡。銷售點從收銀台轉向沙發，顧客可使用Apple Pay等數位化支付技術。博柏利的伸展台秀也以3D形式線上直播，新店的開張已成為前衛的數位化秀場；2014年上海門市開業時，博柏利與微信合作，讓用戶置身360度的時裝、音樂和舞蹈氛圍之中。當然，這只是策略性資本重新配置的一個典型案例。

此外，博柏利還利用品牌優勢打進相鄰的產品線。2004年，配件和童裝僅占集團收入30%；到2014年這些商品對集團收入的貢獻已經成長到40%。博柏利還成功推出高利潤率的美妝產品，對集團收入的貢獻也已增加到7%。

在我們研究的10年間，透過加強零售和具有更高利潤率的新產品線的組合，投資打造供應鏈以滿足數位化時代的需求並保持較低的供應成本，博柏利的毛利率從59%提高到76%。經濟利潤從9200萬美元增加到4.35億美元，理所當然進入經濟利潤曲線的頂端。在此期間，股東總報酬保持17%的年複合成長率。

要眞正做到差異化並不容易。識別可脫穎而出的所有細分市場非常困難，而創新又讓許多人困惑不解。即使找到可從中受益的技術趨勢，在企業內部將其落實，也沒想像中那麼容易。

差異化要求著眼長期，在面臨季度業績的重壓時，要做到這點相當困難。我們有沒有爲了當年的預算而削減研發預算？一份對私有企業影響的分析結果令人震驚，非上市公司的投資速度，大約是同類上市公司的2倍。**關注季度獲利，確實造成短視**。⑨我們有沒有爲了展示市場利多局面而犧牲部分利潤、提前發表尙未成熟的產品？對於更容易犧牲短期收益的策略行動，即使能夠促進差異化改進，也不應該著手執行。

我有長期計畫，但我不記得是什麼樣子了。

你是否拿競爭優勢當兒戲？

管理層的目標、激勵機制和股東的長期利益經常在此發生衝突。在使用「檢驗策略的十大不變標準」[10]來檢驗策略的品質時，第二條標準常會引起最廣泛和最深入的討論：「你的策略是否眞正發揮競爭優勢？」換言之：「你是否加強了差異化？」

這實際上應分爲兩個問題。

首先，**是否了解自己的競爭優勢來源**？你是否知道爲什麼今天在賺錢？這些問題其實非常有趣，問10個人，將會得到10個不同答案。

例如，澳洲的一家零售銀行，高層者們希望進軍海外市場，他們的邏輯是：「我們非常成功，因此我們一定是比競爭對手更好的經營者。我們將進入其他市場，那裡的經營不如我們本國市場高效，我們將所向披靡。」但在分析該銀行實際上是如何賺錢時，我們發現所有經營指標並不突出。他們的產品策略是：該銀行在住房抵押貸款市場占有率較高，這得益於當時澳洲對此類業務的需求十分旺盛。而更大的利潤來源是銀行在分行選址上非常出色，但選址是由後勤部門的兩位員工完成的，因此我們沒有理由不懷疑，他們在印尼或其他新市場中，是否會取得同樣的成功。

其次，**是否發揮自身優勢**？

在分析爲什麼亞洲的企業集團發展良好時，我們發現，這些企業的策略完全不同。這些企業會平均每18個月進入一個新業務領域。近70％的行動由併購驅動，而一半的成長來自某些業務的退出，而非在相鄰市場或價值鏈中的收購。這看上去很奇怪。但經過進一步的調查我們發現，每次收購都利用一項重要的能力，即使這並不特別明顯。這並非公司了解某一個行業，而可能是某人有特殊的關係。有的公司最初是在網路遊戲領域，但因熟悉監管部門，所以進軍銀行業。有的公司最初從事房地產業，由於擁有土地，便接著進入大型製造業。這些策略可能看似奇怪，但其實這些公司的掌舵人非常聰明，他們非常了解如何賺錢，以及如何將這些競爭優勢轉化成更多利潤。

重大行動成就優質策略

理解重大行動在策略中的作用，不只是理解重大行動是什麼，以及每項重大行動如何發揮作用，還需要理解這些行動是如何共同發揮作用的。以下幾點，對於理解重大行動以及優質策略的要素構成最爲重要。

重大行動確實非常寶貴。經驗讓我們知道，重大行動可爲公司帶來巨大價值。請參閱下頁圖28中的矩陣表，其顯示根據自身優勢和趨勢（列），以及行動的力道大小（行），在2000年至2004年位於中間位置的企業，到2010年至2014年的預期經濟利潤。

從中我們可以發現兩點：首先，從上往下看，會看到無論優勢如何，重大行動越多，收穫也越多。其次，沿對角線往下看，大致而言，**眞正的重大行動可「消除」原有不利條件的影響**。換言之，有力的行動加不利的條件（2.6億美元），與無力的行動加有利的條件（1.61億美元）價值差不多。當然，如果可以選擇兼具兩者，將會獲得巨大的13.6

億美元預期回報。但只有極少數企業可以做到這點。

由於經濟利潤曲線的上升走勢十分陡峭，即使很小的機率提升，也會對預期回報產生顯著影響。例如，處於中間位置的企業如果將機率從平均8%提升到27%，那麼其預期的機率加權價值將達到1.23億美元，幾乎是中間位置企業平均經濟利潤的3倍。

圖28 **行動與傳承的價值**

行動與傳承都非常重要！

2010年—2014年，以中間三組為起點的企業的預期經濟利潤
百萬美元

		傳承（優勢與趨勢綜合）		
		無力的傳承	一般的傳承	有力的傳承
行動	有力的行動	260	1,069	1,360
	一般力道的行動	(22)	182	1,102
	無力的行動	(70)	2	161

資料來源：McKinsey Corporate Performance Analytics™

重大行動不是線性的。許多企業領導人會往椅子上一靠，然後說：「當然，這5項行動都包括在我的策略中。」但事實並非如此。即使許多企業已經將這些行動納入策略之中，但並沒有落實，至少其力道不足以產生眞正的差異。我們前面已經講到，在這5項行動上的些許努力並不會提高成功機率。行動不是線性的，僅僅靠一項工具也無濟於事，需要足夠努力才能眞正創造差異化優勢。例如我們前面提到，生產力的改進如果與行業平均水準大致相當，將不會發揮任何效果。只有在達到一定的規模時，向上移動的機率才會提升。公司的生產力提升，至少要比行業平均水準高25％才有意義。只有超越相關行動的臨界值，才是眞正的重大行動。

重大行動必須是在所處行業中而言。即使你在所有這5個指標上都取得改進也未必能行，眞正重要的是相對於你的同行的表現。你需要贏過同行，才能獲得勝利。在封閉的策略會議內坐井觀天，你的團隊可能會在詳細的反思中失去洞察力，忘記自身並非行業裡的唯一這一事實。很有可能，競爭對手也非常努力。管理層可能仍然認爲他們的行動力道已經很大，對於如何實現利潤率以及由誰具體負責，可能也已制定宏偉的計畫，但事實上大家都在做同樣的事。如果大家都將成本降低5％或推出類似產品，優勢又在哪裡呢？你是必須努力工作，但這僅僅是保持原樣而已。

重大行動需要混合起來。如果想眞正提高機率，一項行動是不夠的。行動具有累積效應。採取一項行動不錯，兩項會更好，三項會好得多。無須深究其中的數學原理，基本理念是，如果採取一項行動，那麼從曲線的中間三組提升至前五分之一的機率會提高近一倍；第二項行動可能會將機率再翻倍；第三項行動則可將機率再次翻倍，以此類推。這種計算公式不是十分準確，但也說明了兩到三項行動可如何將最初的機率（8%）提高，並讓你擁有高於平均水準的機率進入前五分之一——即使優勢和趨勢方面的得分平平。儘管執行一項行動也非常困難，但面對來自策略的人性面壓力，盡可能多地執行行動十分重要。

重大行動是非對稱的。好消息是：5項重大行動中的4項是非對稱的。換言之，在經濟利潤曲線上上升的可能性，要大於下降的風險。雖然併購常被貼上高風險標籤，但就公司在經濟利潤曲線上的升降而言，內生性成長策略的風險同樣大，務實的併購不僅可提高在曲線上向上移的機會，同時也降低下滑機率。這是眞正的單邊下注。提升在整個行業中的生產力或總利潤也同樣如此。採取這些行動，可幫助你提高成功機率，同時降低風險。資源重新配置會稍微增加下滑風險，因爲可能會進入一個比當前行業趨勢更差的行業，但上升至前五分之一的機率會增加近一倍。資本支出是唯一會對稱增加上升和下滑機率的工具。透過增加資本支出，你在經濟利潤曲線上上升的機率與下滑的機率都會增加。重大的資本支出會同時放大上升和下滑的機率，而不是向其中一方傾斜，因此謹愼地選擇行業和地域趨勢十分重要。高階主管們擔心重大行動在增加上移機率的同時，會帶來更大的下滑風險，但是這種表述是錯誤的。我們現在可以證明，採用這5項行動會提高公司在經濟利潤曲線上上移的機率，並且降低下滑機率。很多公司以「穩妥爲先」爲藉口，不樹立宏偉目標，不推動企業至少在行業保持領先。事實上，**按兵不動可**

能是所有策略中風險最大的。你不僅要承受在經濟利潤曲線上下滑的風險，還會錯過按兵不動者完全沒機會享受的額外獎勵：用於成長的資本。此類資本絕大部分會流向成功者，讓許多落後企業孤立無援。

重大行動具有累積性，但不是必殺技。不要期望某天醒來時決定提高生產力，第二天就會實現目標。相反地，你會發現這些重大行動，其實是長期良好習慣的累積。成功實施重大行動的公司，已經將其融入他們的日常經營之中。正是持之以恆地堅守目標，才讓行動變爲重大行動。

回顧一下，對優勢、趨勢和行動進行分析，是審視優秀策略以及如何在企業的實際環境中執行策略的新方式。我們衡量了優秀戰略的機率，講解如何了解自身的機率，並深入探討提高機率並作出重大行動所需的工具。

現在我們已經可利用外部視角來解決策略的人性面問題。如此一來，你和你的企業完全可以制定出優質的策略。

在下一章也是最後一章，我們將從實踐的角度，來看如何提高成功機率。

策略
十中
選一
資源
全面
業績觀
行動
備選
方案
坦然
迎接風險
邁出
第一步

第8章

化策略為現實的8大轉變

理論唯有付諸實踐才真正具有意義。

化策略為現實的新途徑，是完成8大轉變。

我們發現，即使在今天的大數據分析時代，人們依然將曲棍球桿當成策略的典範（儘管很少能夠真正成功），而我們就是要探究這其中的原因。早在四、五十年前，人們就已經在討論並就此撰文的許多問題（如「抹花生醬」方法），今日仍困擾著企業領導人。例如，他們希望將資源重新配置到更有吸引力的成長機會，但卻發現資源就像膠水一樣難以挪動。

閱讀了前幾章後你可能會同意，就策略而言，我們正處於一個非常不同且更令人興奮的時代。現在，我們知道策略成功的機率；知道可以如何提高這些機率；我們可以更清楚地闡述策略，即有效提升成功機率的重大行動。

但有個問題依然存在：關於策略的人性面對於重大行動的阻礙，我們已經有了更深入的了解，但尚未完整介紹如何有效解決這些障礙。我們希望能在這最後一章，回答這一懸而未決的問題，也許對大多數人而言這也是最重要的問題：這對你完成策略決策流程、領導團隊、制定和執行策略以及實現更好的業績而言，能有什麼幫助？

我們會堅守承諾，決不拋出新的框架，但仍然希望就如何以務實方式改變賽局、幫助你克服人性面障礙提供一些見解。我們將提出8大轉變，這是你可以改變策略會議現狀的具體指南，也是你在下星期一上午即可開始試行的務實轉變。

這8大轉變，綜合了我們研究得出的「如何解決策略的人性面」之成果（見右頁圖29）。

圖29　**8大轉變一覽**

1.	從	年度計畫	到	決策成為一次探索歷程
2.	從	直接通過	到	確實辯論備選方案
3.	從	「抹花生醬」方法	到	十中選一
4.	從	審核預算	到	採取重大行動
5.	從	預算慣性	到	流動性資源
6.	從	「堆沙袋」	到	坦然迎接風險
7.	從	你的數字代表你	到	全面業績觀
8.	從	長期計畫	到	果斷邁出第一步

轉變一：從年度計畫到決策成為一次探索歷程

如果你問世界各地的企業領導人，大多數策略決策是在哪裡決定的，答案將很少是「策略會議或董事會辦公室」。你更可能會聽到這樣的回答：「在與我的高階主管團隊見面的當天早上沖澡時」，或者「與大客戶的執行長共進晚餐期間」。我們的一位東亞客戶經常與三位風水大師一起打高爾夫，他最重要的商業決策，經常是在高爾夫球場上徵求這三位大師的意見後做出的（這並非玩笑）。另一些人也承認，「與其他重要的決策人士一起走走」可幫助他們調整和確定方向，減少焦慮感和不安情緒。

那麼該在策略會議裡做些什麼？

與例行計畫周期同樣重要的，可能是確保所有重要問題都能浮出水面，並且預算流程均已明確，而一個例行的標準化周期並不能很適切地適應如今商業環境的動態特性①。

事實上在解決重大策略問題同時，確定一致認可的計畫幾乎是不可能的。你需要確保緊急問題優先於重要問題，並且重大問題不會因此被忽略。此外，這些複雜的策略問題並不是線性的，還充滿不確定性，與3至5年計畫的線性特徵格格不入。

即使策略會議內的情況很完美，眞實世界也不會以整潔漂亮的年度遞增模式呈現。事物總在變化，企業和你所處的市場都是如此。潛在的交易不會在董事會年度決策會上出現，它們該出現時才會出現，而你需要隨時做好準備。爲什麼不至少每周、每月討論一些關鍵的策略問題和業績，將其當成傳統的年度策略計畫工作之補充呢？

策略決策成為一次探索歷程

- 定期舉行策略討論，而非僅限於年度流程
- 從不同角度追蹤計畫組合，根據進度更新策略
- 深入監控前3年／後3年的滾動計畫——如果你希望追蹤數字

定期舉行策略討論。假設你將年度流程精簡到極致——我們幾乎能聽到你和管理層都大大鬆了一口氣。相反的實際情況是，你經常與團隊進行策略決策的深度溝通，將其作爲管理團隊每月會議的一個固定議題。你開始堅持推出最重要策略問題的「實況」清單、重大行動清單，以及執行重大行動的計畫清單。

你在策略問題的持續交流方面更進了一步。每次舉行團隊會議時，你們會相互快速通報市場和業務動態，然後深入思考相關問題、重大行動和計畫。你們會考慮這些事情是否依然恰當，是否需要修改或中止。每次開會，你們還會深入研究一個或幾個關於機會或重大事項方面的話題。

追蹤你的計畫組合。策略的發展如同一系列計畫紛紛闖過關卡。[2]長期性和預期性的理念好比「實質選擇權」（real options），關鍵是要不斷學習和逐漸精通相關能力。對於3年規模成長方面的計畫，重點是管理資本投資、實現里程碑式的發展並展現良好的用戶接受度。對於短期性及高度熟悉的計畫，你應該主要關注年度財務成果。系列計畫本身也應當是變化發展的，需要隨著時間的推移予以調整，而不是被束之高閣。

你的團隊再也不需要編寫150頁厚的檔案來當成人性面賽局和開展策略工作的基礎。你不需要到一年後才發現預想中的曲棍球桿，其實不過是「毛茸背」上的一根毛髮。員工將知道他們始終都會承擔責任，因此「堆沙袋」或霸占資源的可能性會減少。假如他們繼續那樣做，過失將會更快地浮出水面，也更容易被抓住。

那些虛假的曲棍球桿大多會煙消雲散。它們的出現源自五年策略與一年經營計畫之間的脫節，但現在，滾動計畫的出現解決這一問題。由於你始終掌握現狀以及瞭解爲何要採取重大行動，就會更清楚地理解成敗的眞正原因所在，不會再陷入「成功是由於管理得當」而「將失敗歸咎於一次性的外部事件」的偏誤。

監督滾動計畫。這種連續性方法的關鍵，在於如何透過每月討論形成計畫和預算。你可繼續按照基本的年度流程安排工作，但更可能會改爲採用滾動的12個月計畫，並根據需要隨時更新。你還可制定一個常備的2至10年計畫，列出當你調整原始工作計畫、工作重點或採取重大行動方面的事務。每個重大行動都會導致業務預期軌跡更新。你在不斷變化調整——如同我們所生活的世界千變萬化一般。

策略決策流程不再墨守成規，可以更適應任何時間點的業務需求。它將成爲一個持續性的自我審查過程：策略中的假設是否仍然成立，策略是否需要更新，或者是否要因大環境的巨變而制定新的策略。策略決策流程蜿蜒曲折，貫穿於整個企業之中，能幫助我們應對競爭激烈的行業和快速變化的趨勢。

例如，騰訊的策略決策流程就具有極高適應性，可快速根據市場變化做出應對。在幾年時間裡，騰訊完成上百宗收購，不斷根據新的資訊調整、變革和進步。騰訊的總體策略方向是建設自身的平台和培育平台。但是藉由管理團隊的持續對話以及對商業環境變動的回應，其基本的重大行動已經發生改變。

轉變二：從直接通過到確實討論備選方案

大多數計畫討論工作都會在辦公室提出一份方案，只要通過了就皆大歡喜。這時可能會發生的最令人懊惱的事情是，有人質疑計畫的前提，或者就解決方案提出不同的選項。當然我們都知道，確實需要這種更深刻的反思，整理出眞正有效的策略。

我們可以這麼看：眞正的策略，是就如何取得成功做出難以逆轉的選擇。而計畫，則是關於如何進行選擇。然而第一步常常被忽略，儘管我們爲計畫貼上「策略」的標籤，試圖讓自己心安。但如果方向偏了，精準的計畫不過是邁向錯誤的未來。

確實討論備選方案

- 從難以逆轉的選擇中，籌畫策略
- 根據優勢、趨勢和行動調整目標，為策略會議引進外部視角
- 比較具有不同風險和投資特徵的備選方案
- 持續追蹤假設，將意外因素納入計畫中，以便隨著不斷了解更多而調整選擇
- 使用消除偏見的方法，確保決策品質

建構選擇式的策略決策。如果你的策略決策與下頁圖30類似，將會如何？這將與簡單地簽署另一份計畫完全不同。藉由選擇式而非計畫式

方案重新建構策略決策的討論，整個情形將會完全不同。

為了建立自己的策略決策座標，首先要確定選擇的主軸線——必須是「難以逆轉」的選擇。將其看成下一批管理團隊必須接受的事情，然後對每個選擇提出三、五種可能選項。總體策略選項就是精選這些選項，然後組合而成。辯論和分析都應當重點關注少數最艱難的選擇。

圖30　**食品零售商的決策示例圖**
真正的策略成為難以逆轉的重大選擇

策略決策	備選方案			特易購（TESCO）
價格定位	最低價	折扣店	**主流**	高價
範圍	1200SKUs	12500SKUs	**40000SKUs**	
品牌	＞90%自營	**50%自營**	品牌主導	
忠誠計畫	無	**會員卡**		
網路	較小，便宜	較小，優質	**較大**	
服務等級	最基本	**普通**	優質	
品項結構	核心＋一次性	專注於食品	**延伸範圍**	

策略決策	備選方案			奧樂齊超市
價格定位	**最低價**	折扣店	主流	高價
範圍	**1200SKUs**	12500SKUs	40000SKUs	
品牌	**＞90%自營**	50%自營	品牌主導	
忠誠計畫	**無**	會員卡		
網路	**較小，便宜**	較小，優質	較大	
服務等級	**最基本**	普通	優質	
品項結構	**核心＋一次性**	專注於食品	延伸範圍	

調整策略。如果每份策略檔案都是記錄了優勢、趨勢和行動的分析版本，包含了「機率得分」，描述沿經濟利潤曲線上升的機會，將會如

何？這會不會改變策略決策討論的框架？你不再只是瀏覽一遍厚厚的檔案，最後說一句「好」，取而代之的是你將看到許多傳統方法不再奏效。一些確實的備選方案十分必要，可幫助你做出比過去更重大的行動。

如果我們僅把焦點放在得到一個「好」字然後鼓掌通過，計畫最終可能陷入爭論漩渦，無法進行可靠的調整。現在，基於我們對策略決策實證經驗的講解，你可以用眞實的資料來檢驗策略。確實地從外部視角來審視你的目標和重大行動，有助克服一些偏見，避免策略會議的討論因人性面因素而止步不前。那些150頁厚的檔案不過是要讓聽衆分心，最終只能對案件計畫表示同意，但你完全可以改變這種情形。

即使在經濟利潤曲線上原地不動也需要極大努力，而大多數管理團隊和企業領導人並不希望原地不動。他們希望推動自己挑戰極限。問題是，「努力工作」和「挑戰極限」對於如何讓公司沿經濟利潤曲線上移基本上沒有用。

經濟利潤曲線上的移動是相對競爭對手而言的，而競爭對手也在挑戰極限。他們當然會這麼做！我們常聽到團隊抱怨執行長給他們提出太多行動計畫。問題是：哪些重大行動才是正確的，可眞正讓你在競爭中領先？對這些行動計畫你應當全神貫注，全力投入。請記住，競爭對手的情況與你們一樣，他們也在辦公室討論如何增加市場占比。一九九〇年代比爾．蓋茲擔任微軟公司執行長時，他在產品評審會上長達一半時間，都在問開發人員是否聽到關於競爭產品的任何消息，其他人可能會做什麼來阻礙微軟的產品計畫。對競爭對手的關注當然幫助蓋茲取得成功，而這對你也同樣意義重大。

比較備選計畫。你可能在想：「嗯，不錯，該看的資料更多了。這只是又一個引導人們表示同意的遊戲而已，不是嗎？」或許是，但你可以努力避免出現這樣的情況，你可以提出幾個風險或收益相當的替代方案供管理層討論，而不是給出一個重大行動。接下來，促使大家討論應該選擇哪項重大行動，或提出具有不同資源需求和風險水準的計畫方案，從而進行眞正量化的權衡，而不是被迫做出「要嘛全盤接受，要嘛一切歸零」的選擇。

持續追蹤假設。在計畫制定後的短短幾周內，詳細的假設就變得模糊不清，逐漸被淡忘。通常預算的偏差會得到十分謹愼的追蹤，但對於相關假設（如讀取率、通貨膨脹率等）並沒有得到同樣仔細的追蹤。想像一下，如果「假設預算」像財務預算一樣得到仔細追蹤，會如何？

我們喜歡具體的計畫，但眞實世界裡存在諸多不確定性，於是我們開始憎恨計畫嚴格刻板的一面。我們需要停止貌似知曉未來的計畫，轉而利用你擁有的資訊，決定今天可以完成的事情，在策略中加入明確的觸發點，以便隨著對資訊的深入了解做出更好的決策。把策略決策看成一次探索歷程（轉變一）。

消除決策工作中的偏見。據說巴菲特手下有兩支團隊，一支紅隊，一支藍隊，有時他甚至還會聘用兩個投資銀行團隊來評估可能的收購機會。一個團隊爲正方，另一個爲反方。兩個團隊都可獲得成交費用，但僅在巴菲特決定哪一方獲勝時才會支付。私募股權投資企業發現，將相反的可能性擺在一起時，超過30%的決策將變得不同，這點十分重要！

當然也存在許多其他不錯的消除偏見方法。我們經常使用的一種叫

「預先檢驗法」（pre mortem），也就是假設一個策略（舉例來講）在兩年後未能實現預期目標。[3]隨後，你開始舉行團隊腦力激盪會議，分析失敗的原因以及本來可以如何避免。這可確保許多重大問題提前攞上檯面。

以上是身爲一位企業領導人，能對公司的發展軌跡產生巨大影響的幾個面向。請停下腳步稍微休整，結束之前那些枯燥乏味、令人痲木且根本就是直接鼓掌通過的虛假策略討論，給團隊和自己一個眞正討論備選方案的機會。

轉變三：從「抹花生醬」方法到十中選一

「抹花生醬」方法是重大行動的最大敵人。如果資源平攤到所有業務和營運部門，將無法做出任何重大行動。我們的資料顯示，與同步提升每個業務或營運單位相比，藉由一、兩個業務部門的突破，提升在經濟利潤曲線上的位置之可能性要大得多。爲此，你必須盡可能地識別突破性的機會，然後投入需要的所有資源。這意味著要讓團隊圍繞著可能的優勝者工作——這通常也是問題開始的地方。儘管出於好意，但「抹花生醬」方法會深入影響策略流程。

基本上，在整個企業中識別可能的優勝者其實要比想像得容易。如果要求主管團隊識別整個企業中最可能的優勝者，他們很可能會同意排在第一位的，也許是第二位的──但同意排在第七位或第八位（舉例）的可能性非常低。我們對幾十個主管團隊進行試驗，幾乎沒有人覺得「十中選一」（pick your 1-in-10s）很困難，但這不是問題關鍵。當討論的主題轉向資源配置時，才會發生問題，因爲策略的人性面在這時才會顯現。

要親很多青蛙才能找到王子，似乎是一些行業的顯著特點。在時尚業，人們知道十個產品中大紅的那一個才是最重要。電影、石油勘探、風險投資以及一些其他行業都是如此，但大多數其他行業並沒有「命中心態」（hit mentality），也就是不重視機率問題。

十中選一

- 調整激勵機制，確保團隊支援資源的重新配置
- 細化競爭領域，甚至可採取表決方式
- 從公司角度配置資源，並思考最大獲利機會
- 為勝利而行動——配置足夠資源以在關鍵領域領先他人

調整激勵機制，以鼓勵資源的重新配置。如要改變平均分配資源的模式，需要讓團隊有動力來配合這一調整，並相應地推出績效管理和激勵機制。如果有人要為團隊擋子彈，他們需要知道為什麼以及會有什麼後果。根據我們的經驗，需要極強的領導能力才能讓每個人都支援「不平衡」的資源配置模式，但展開十中選一的談話，將會重新調整預期並改變對話的性質。

確定需要細化競爭的領域。真正阻礙動態資源重新配置的一個因素是，過度統籌和平均分配。如果把一切都彙總到大的利潤中心，將無法看到機會的真正差異。相反地，編製更加細緻的機會圖（至少要有30到100個儲存格）後，就可決定應將資源調往哪裡。

附帶一提，十中選一的理念是碎片化形式的，適用於公司上下各級，管理層應當識別最可能取得業績突破的候選案件，並將資源傾注到這些領域。

我們看到有許多高階主管團隊使用某種形式的表決，來選擇重點領域，以避免「抹花生醬」式的平均分配。有的採不記名投票，有的則

由執行長製作一張大圖表，將所有機會羅列出來，接著請高階主管以勾選方式爲不同計畫分配不同的資源比例。我們發現不論哪種方法，在大部分情況下，人們對最佳機會的認同都有強烈共識，而對最有可能無效率的機會也是如此。眞正導致意見分化、資源分散的，是龐大的中間部分。

以投資組合概念配置資源。事實上如果資源的配置過度採用「涓涓細流」方式，沿著公司層級向下分配，將永遠無法根據需要很妥善地調配資源。研究顯示，資源配置決策會在公司組織結構改變時，發生巨大變化（即使其他因素保持不變）。[4]

我們最近爲某客戶完成一項研究，研究內容是假如公司不採取討論各業務部門分別提出的專案計畫，而是採取統一討論所有計畫的方式。我們根據公司60個左右的可投資機會，繪製詳細曲線，而不考慮這些機會屬於哪個業務部門。結果反而發生巨大轉變，公司以更民主的流程，把資源配置到可實現「最大公約數」的部門。

此外，我們還發現許多公司創辦人經常將所有重大決策權留給自己，也就是說他們沒有像「抹花生醬」那樣平均分攤資源的動機。他們常常會與高階主管交流，聽取關於向何處投資的意見，但決策仍然握在自己手裡。他們更加靈活敏捷，堅決將資源配置給前景最看好的計畫。我們認爲，在如何避免「抹花生醬」模式上，他們堪稱企業領導的典範。

爲勝利而行動。在仔細檢視策略並做出統一資源配置決策後，下一步將是確實轉化所有資源以確保成功。記住不應只是審視公司其他機會所蘊藏的資源，畢竟重大行動必須是相對於外部世界而言，因此決策必須觀察最強競爭對手同一時期在做些什麼，這意味著要有一場翻天覆地的變革。

轉變四：從審核預算到採取重大行動

我們說過，策略的人性面可能會讓一個爲期三年的計畫，掩蓋了背後眞正的賽局：協商第一年的內容，因爲這將落實成實際預算。當然業務主管也重視往後兩年的業務發展，但他們絕對會把重點放在第一年。因此我們需要變革，終結策略討論不過是預算開場的情形。

這些以預算爲基礎的討論中，罪魁禍首之一是「基本情境」（base case）──某些計畫中的業務項目，被環境和公司策略的多個模糊假設所錨定。能眞正了解實際業務績效的公司，很少出現「基本情境」情況。「基本情境」更像是個浮錨，參照點根據環境和假設上下浮動，而前一年的資料是唯一的實際參照點。「基本情境」顯示策略討論過程中的內部視角。這爲什麼有問題？首先，「基本情境」可能將企業實際所處位置模糊化，難以看清務實的目標應該是什麼，當然也無法看到策略行動可能給這些目標帶來什麼。

我們看到的許多預算和計畫之間都有差距，一部分的預測甚至沒有說明理由。這些差距常被業務主管認爲「稀鬆平常」，就像日常工作的一部分。管理層要求提供營運費用和人員的理由，時常僅僅是爲塡補這些差距，但卻不怎麼明白爲什麼會產生差距的原因。而「稀鬆平常」情況下的行動，通常對部門或整個公司採取重大行動毫無幫助。

關於目標的討論是一種桎梏嗎？設想一下能否將這些討論灌輸到業務主管腦海之中。假如試著不強制進行目標決策並做出不確定的承諾，你是否就可把力氣放在重大行動的策略討論，以及如何撼動整個市場？就讓我們拭目以待。[5]

採取重大行動

- 打造「動態情境」，而非基本情境
- 「解構」過去的成果，分析哪些因素來自趨勢，哪些來自行動
- 注意差距：檢查計畫是否夠重大，足以消除動基準和目標之間的差距
- 將重大行動與競爭對手進行比較，以檢測是否力道夠大，足以帶來真正的變化
- 將關於行動的討論和關於預算的討論分開，一個接一個地進行

創建動態情境。避免這一陷阱的一個有效辦法是忘記基本情境。請邀請制定策略的人，和自己一起創建一個適當的「動態情境」，儘管這可能會有點尷尬。假設企業的當前業績將會延續上一階段的表現。動態情境拋開對新的奇蹟般的市場占比提升的幻想假設，忽略所有對生產力提升方面的要求。動態情境基本上會將經營計畫精簡到僅維持當前業務

的最低範圍，這是極有可能的發展軌跡，而且沒有任何額外動作。

立足於動態情境，有助避免那些造成不切實際的「曲棍球桿」和「毛茸背」的主要原因。你將會對自己眞正需要走多遠有更確切的了解，而非一味假設基本情境中的進步會一直出現。你將看到重大行動需要發揮多大的影響力，才能改變企業的發展軌跡。如果沒有充分的動態情境，將很難在策略決策討論中區分事實和虛構。

「解構」成果。即使有了動態情境，你仍然必須充分了解企業爲什麼會賺錢。這將有利於你排除決策中，關於風險承擔及經營業績和獎勵的偏見。如果不清楚到底是哪些因素在眞正推動業績，策略的人性面將會露出猙獰面孔，導致策略錯誤百出。想一想這樣的情形，處於殘酷競爭環境中的部門負責人費盡心力才實現盈虧兩平，而幾乎處於壟斷地位的業務部門負責人則創造出巨額利潤。在大多數激勵機制方面的討論中，誰會獲得更好的獎勵？這將如何影響人們看待策略，以及在策略會議裡表達的方式？

對成果進行解構實際上並不困難，相比之下動態情境通常難度更高。在解構成果時，你只需考慮業務的過往業績並建一座「橋梁」，即分離出可解釋業績變化的不同貢獻因素。這是大多數財務長經常考慮的因素，如匯率變動和通貨膨脹等。「橋梁」需要考慮平均行業業績和成長、子市場選擇的影響以及併購的影響。

注意差距。在對企業現狀以及業績驅動因素有了全面透徹、不偏不倚的了解後，你可以調整自己的目標。最重要的是，你可以判斷需要怎樣的重大行動，以消除動態情境與目標之間的差距。你將看到未來任務的全貌，不會假設一些事是「稀鬆平常」，而會羅列出在動態情境的基礎上實現差異化所需的所有工作。如果採取消除差距的重大行動，動態情境與目標之間即使存在重大差距亦將不是問題。

讓我們在策略會議扭轉對達成最終目的的不利形勢：不要僅提出目標或預算，應詢問每個業務負責人希望完成的20件事，以便在下一階段做出一系列重大行動。然後就這些重大行動展開辯論，而非假設這些行動將產生什麼樣的資料。我們為什麼要採取這一重大行動？為什麼不應採取？根據我們針對重大行動確定的風險及資源控制臨界值，公司將會發生哪些變化？

把關注重點轉向重大行動，也將為策略會議引進一些非常重要、但常被遺漏的討論（如我們之前所證明的）。併購是你可採取的重大行動之一，但經常會對其進行單獨的討論。生產力改進和差異化是5項重大行動中的另外2項，一般會在經營業績評斷過程中進行討論，儘管這屬於策略的差異化因素。併購、生產力改進和差異化都需要在策略討論中明確提出，但不是在數字目標方面，而應著眼於如何將其變為重大行動，以形成相對於競爭對手的優勢。

確定檢測行動的基準。無須提供150頁厚的關於標準的詳細資料，而應要求每位管理者提出一系列重大行動，並根據競爭對手已經在做和預期會做的事進行調整。如果業務負責人需要額外資源，批准的依據應是是否認為對方提出的重大行動可能帶來真正的曲棍球桿效應，以及是否相信他會真正落實這些行動。如果一項計畫不包含重大行動，則應降低目標、減少資源。預算不要與目標掛鉤，應與重大行動掛鉤。

重大行動優先，預算次之。對重大行動的關注，可擺脫例行流程的漸進主義問題——「去年，我們完成了X，因此今年我們也許可以完成比X再更好一點。」此外還可遠離例行流程中的風險厭惡問題，這類流程總是同時處理所有問題。藉由這種轉變，重大行動將成爲優先要務。對風險的考慮顯然也很重要，但已經退居第二。

每個人都將知道，如果沒有重大行動，無法建立落實重大行動的信心，他們將相應地失去資源。

這是個擺脫策略人性面，徹底拋棄大多數商業書中沒有事實根據的策略建議之機會。如果希望將對策略的討論帶進策略會議，只需圍繞重大行動進行討論。討論要基於事實，根據競爭對手的情況調整策略，並以自己的經驗和判斷爲依歸。

轉變五：從預算慣性到流動性資源

假設所有決策都圍繞重大行動。我們應如何妥善調動那些臨時決定的重大行動所需之資源？比如在10月下旬的預算時間，我們希望採取一項重大行動，將各業務部門所有資本支出和營業費用的15％分配給新的成長機會。但是……最終什麼也沒有發生。原因何在？因爲沒有資源，我們無法突然從一個全面運行的業務部門抽取10％～20％的營業費用預算。沒有一個負責任的人會這麼做。

要調動資源和預算，需確保一定程度的資源流動性。資源流動性本質上是策略的貨幣，但大部分企業都付之闕如。如果你沒有任何資源可拿出來，又怎麼爲策略下注？

我們認爲，只有當資源足以支持重大行動時，策略和執行之間的交接才能實現。接下來才可以正式啓動執行工作，並且對管理層究責，他們再也不能以資源受限爲藉口。

流動性資源

- 盡可能在策略需要部署資源前，著手釋出一年的資源
- 採用「80%基礎預算」來釋出那些有爭議的資源
- 向部門主管收取資源使用的機會成本，讓他們有動機釋放資源

事先釋出資源。你需要盡早開始行動，在1月1日或其他財務年度開始的日子。這也恰恰就是需要實施重要生產力改進倡議的時候，以便在調整資源配置之前釋出資源。資源也可經由其他方式釋放，如撤資、資本注入等。我們在此處強調生產力，因爲策略資源不僅僅是現金，營業費用和人才同樣重要（如果不是更重要），資源必須被釋出並再分配。

然後你需要下定決心。如果希望有資源可供再分配，那麼在資源釋出後，你需要好好把握。如果商業的自然法則確實存在，那麼最強大的一個規律是，所有資源都會即刻消散。一旦工程師有時間，研發部門就會提出最有創意的全新產品理念；一旦生產力改進項目釋放出一部分銷售力量，銷售團隊也會找到最有吸引力的全新業務機會。明確區分釋放資源的計畫與重新投資的機會，是任何重要生產力改進的基礎，並且要把握好重新配置的資源。

做「80%基礎預算」。也許你聽過「零基預算」（zero-based budgeting），也就是每一分錢都應當接受審查，憑能力賺取。這是一個不錯的理念，在特定時間和情形下具有很重要的意義。但你不可能在任一時間點知曉全年經營狀況，也不可能每年招聘和解雇整個勞動隊伍。你可以做的是促使部分重要預算每年接受大家質疑，例如20%的比例，在某些情況下10%可能更符合實際。重點是讓資金每年回到鍋裡，釋放出來然後重新配置。請記住：如欲重新配置，必先減少配置。

一個相關的概念是透過制定很高的改進目標（有別於成長目標），來持續釋出資源。與簡單兌現數字目標不同，企業領導人必須透過基本業務的生產力改進以及不斷完成新的成長計畫，釋出一定比例的資源。

爲資源賦予機會成本。一個常見的問題是，沒有直接涉及具體預算的資源，可能會被視爲是「自由」的。例如在許多零售業，採購經理有提升相關商品銷售和毛利率的任務。而爲取得這些成績所需的稀缺資源，比如有限的貨架空間和高昂庫存成本，常常並沒有被認眞檢視。結果採購經理不希望放棄貨架空間，也不希望削減庫存，儘管這麼做可爲其他機會釋出資源。

在零售業，其實答案非常簡單，那就是使用「比率法」（ratios）。如果按照每平方英尺的銷售額（空間收益率）和庫存收益（庫存收益率）來衡量採購經理的工作，那麼企業爲實現更高生產力釋放資源的動力會更強。其他情況下的解決方案可能更複雜，但仍然需找到解決方案，以確保資源配置盡可能有效。

如果不能做到持續釋出資源，策略將會受預算限制而淪爲紙上談兵。在這個需要企業採取重大行動的大環境下，這將不會帶來任何效果。如果能促進資源流動性，就像是為策略會議帶來新鮮空氣，而重大行動的執行也成為可能。

半導體公司恩智浦（NXP）在從飛利浦公司分拆時有14個業務部門，但該公司逐漸將所有資源集中到兩個業務部門，其他所有業務的現金和人力都釋放出來。十中選一的選擇，最終確定為汽車和身分識別業務。憑著全面的資源轉移，這些重大行動成為恩智浦的制勝法寶，這充分說明資源配置，對企業成功轉型功不可沒。

轉變六：從「堆沙袋」到坦然迎接風險

我們都知道，業務部門在制定策略計畫時，往往會讓目標負重。在公司層面彙總這些計畫時，一些緩衝因素會累積成公司的負重沙袋，衍生成「毛茸背」。由於規避風險，公司並沒有按照有利於業績突破的方式設定目標和進行資源配置。將業務部門的策略進行加總的做法，也是我們很少在公司層面看到重大行動的原因所在：許多併購計畫，和其他重大方案在單一業務部門負責人看來風險太高，這些計畫從來都不會成為帶入策略會議的最終名單。

我們承認，「堆沙袋」是個非常複雜、難以解決的問題。例如某業務部門的高層計畫將利潤率提升至銷售收入的10%，但業務負責人不希望承諾過高，因此進行調整，僅承諾實現5%。然後他想，如果有5%

「緩衝空間」，可另將資源投放到好的成長機會。最終他得到的彈性就是——一個「沙袋」。如果利潤率沒有提高，他至少還有一個避險的緩衝。但他很可能會放棄在原先承諾的5%之外再進一步提高利潤率。此外，投資成長機會還可能讓他承擔重大風險，且其影響要在往後才會顯現。

目標真的足夠大嗎？

但我們也看到堅決反對「堆沙袋」的團隊。其基本理念是屏棄目前的「沙袋預算，曲棍球桿策略」的做法，通盤管理風險和投資。換言之，也就是放棄自下而上加總各部門獨立預算的做法，轉而建立全公司的統一視角。以一系列可行的重大行動爲基礎，把散在各部門的曲棍球桿，轉變爲公司層面的一支曲棍球桿。我們總會自然地傾向「堆沙袋」，畢竟每個人都這麼做。但透過一起討論風險，將可屏棄「堆沙袋」做法。

坦然迎接風險

- 敦促公司分別討論改善、成長和風險
- 從整個公司層面而非業務部門層面，權衡風險與成長決策
- 針對「毫無遺憾的行動」「豪賭」和「實質選擇權」，採取不同方法
- 調整激勵機制和指標，以反映人們承擔的風險

分別討論。可將一個整合的策略檢視過程，拆解為聚焦策略核心問題而展開的三次連續討論：①改進計畫以釋放資源；②成長計畫以利用資源；③風險管理計畫以優化業務組合。這方法將會引發多種轉變。

這會促使人們討論成長計畫，而不是總說「但是」。他們會關心能做到哪種程度，以及所需的資源。因此，你會要求每個人提出成長計畫，也許會堅持某個水準以確保每人都有恰當的想像力和膽識。改進計畫也是如此。只有在人們將最佳想法都拿出來之後，才能開始討論風險。

這種轉變會促使人們關注改進計畫，這類計畫常會被成長的討論排除在外。並且如我們所見，轉變可能產生邁向策略成功的重大行動。讓企業負責人將風險挑明，這可改變他們一直以來的錯誤想法——如果無法降低策略風險，將難保職位。他們將會分享自己對風險的了解，而不是在計畫中隱瞞風險，或認為個人背負的風險太高而根本不向你提出計畫。

在業務組合層面權衡風險與成長機會。最重要的是，現在你可以從成長貢獻、改進潛力和固有風險等方面彙總所有提議。現在你可以基於希望公司承擔的風險大小來做出決策，根據全公司的風險收益評估結果來確定策略行動的重點。

這十分重要。藉由分別討論，促使人們提出關於成長和改進的重大行動。現在你可以要求更大膽的計畫，例如成長20％和成長40％的計畫，然後明確討論風險，把所有計畫的風險彙集起來並進行排序。如此一來就會從「堆沙袋」式的局部優化，轉向整個企業的優化，並且對風險有了更好的理解。

你還可針對很少能夠清晰識別的宏觀經濟或地緣政治方面的風險因素，在公司層面進行明確討論。你可以根據某些風險，要求業務領導人將計畫成果下調20％或40％。如此一來對方便別無選擇，只能認眞考慮你所擔憂的風險。

根據不同風險採取不同方法。我們經常會在計畫專案時，將蘋果和柳丁摻和在一起。「毫無遺憾的行動」的效益是衆所周知的，只要運用「淨現值分析」即可。「豪賭」是很可能會出錯的高承諾決策，在做出這類決策時必須非常小心，並進行大量情境分析和風險管理。「實質選擇權」的起點成本較低，但周期長，效益也更加不確定。由於它們通常是從價外（out of the money，選擇權沒有履約價值的狀態）開始的，一個嚴酷的損益分析視角就會將其扼殺，因此你幾乎不需要考慮和選擇。

要嚴格且謹慎，有意識地以不同方式，討論不同類型的風險。

調整激勵機制以應對風險。當然，這種轉變必須轉化爲業績目標和激勵計畫。由於可能會發生公司不希望承擔的風險，導致某些負責人的計畫未獲批准，你必須調整他們的目標。審慎地管理激勵機制，會爲重大行動清除障礙。

轉變七：從「你的數字代表你」到全面業績觀

與所有變革一樣，尚存在另一個複雜問題：無論做什麼，你都無法單獨完成。你需要讓整個團隊一起參與。

你無法相信有多少次管理層被動接受「誇張的目標」，也許至多只是一個P50計畫（僅有50％的實現機率），而到年底業績考核時，對其實現的可能性又有多健忘。人們知道他們「就是他們的數字」，因此會在設定目標方面盡量迎合這一需求。怎麼可能不這樣做呢？

我們想的是曲棍球桿，但得到的是冰球。

當然，將機率擺上檯面，有助改變這一情況。就十中選一和成功機率進行討論，將會改變團隊的結構和視角。但如果你不全力以赴調整激勵機制，從而實現整個團隊思維方式的眞正轉變，至多也就得到一個嘗鮮效應罷了。除非整個團隊都樹立以公司利益爲中心的責任感，否則將很難使其全力支持調整業務所需的重大行動。

全面業績觀

- 鼓勵雖敗猶榮的行為，關注努力品質
- 在激勵結構中反映成功機率高低
- 如風險較高、為期較長時，引入團隊激勵機制

鼓勵雖敗猶榮。顯然，了解成功的機率是基本。你需要了解你是否接受P30、P50或P95的計畫。這將爲年底評價所作所爲提供合理對話的基礎。

當然，這要求你深究原因，但不要只針對失敗，了解成功的原因也同樣重要。你不希望對雖敗猶榮的行爲問責，同樣也不想獎勵瞎貓碰到死老鼠的運氣。你希望鼓勵的是眞正有效的努力。

以戈爾特斯公司（GORE-TEX）爲例，業務團隊取得了業績數據，然後就團隊及其負責人是否「做得對」進行表決。與數據本身相比，這種表決往往更接近事實眞相。

無論你如何增進自己對機率的了解，並盡量緊扣激勵機制，但每個

人都要知道自己不會單純因沒達成高風險的計畫而受罰，畢竟這點十分關鍵。爲提升成功機率，你必須屏棄對目標做出妥協，然後確實落實能達成結果的方法。如果你成功在團隊中建立起共同的責任感，將會是個非常好的開端。

在激勵計畫中反映機率。我們不是要你使用「平衡記分卡」，那只不過開啓一場新的人性賽局。平衡記分卡必然會突顯這樣的場景：以團隊角度來說，你永遠不知道某個人在實現成績方面最關心什麼。

相反地，我們建議採用「非平衡記分卡」。這方法分爲兩部分：左邊是常見的滾動財務資料集，重點關注兩到三個指標，比如與部門和企業的經濟利潤掛鉤的成長率和投資報酬率；右邊是一組與策略相關的計畫以及支持計畫的行動。這種激勵機制的運行方式是：經濟利潤決定激勵的0～100％範圍。然後，每個策略變化都可由「評估人」酌情確定是否被「淘汰」。換言之，取得結果的過程與結果本身同樣重要。淘汰就意味著出局。每個因素都可能使你的獎金落空，但也存在人爲判斷：同樣是失敗，對P50行動的處理，要比對P90行動更溫和。這樣能改變賽局嗎？我們相信肯定會帶來全新的溝通過程！

團隊作戰。一些任務的期限較短，行事與結果間的聯繫十分明顯，容易監督，且只存在很小的運氣成分。在此類情況下，能強烈激勵個人的詳細KPI也許很合理。但對於衆多其他任務，則可能會因時間延遲、合作不暢，以及「吵雜的干擾」而困難重重。這也是爲什麼外匯交易員有很強的個人激勵機制，而學校教師則極少。

尤其是當你希望一系列行動能取得良好結果時，你需要鼓勵個人承擔足夠風險，以優化這些行動的總體風險狀況。我們都知道，大多時候個人對風險的厭惡常常占據主導地位，而風險較大的行動會被排除，即使可大幅提高團隊整體業績。這也是爲什麼隨著風險增加，你希望根據團隊的業績進行個人獎勵的原因。當然，其中也有平衡的因素，因爲你不希望有人不勞而獲。你需要確保工作妥善完成，但總體來說如果你希望他人承擔更多風險，就要把更多的共用成分融入個人激勵之中。

轉變八：從長期計畫到果斷邁出第一步

如我們所見，以下情況始終存在，甚至創始人、董事長、執行長，以及一些最引人注目的企業領導人也深陷其中不能自拔。他們制定令人激動不已的宏大計畫；他們對於結果和業績抱著美好願景；占據行業領先地位被視爲一件理所當然的事。但許多人最終會面臨這樣一個問題：美好願景和豪言壯語與眞正的策略無關，與如何實現願景的實際重大行動無關，特別是與朝著正確方向邁出第一步也無關。讓員工爲實現願景努力很不錯，但你如何知道他們下一步會做什麼？

大部分管理者會傾聽願景，制定他們認爲可行的漸進計畫並盡可能執行。這些計畫常常會讓公司走上這樣一條道路──既不會實現願景，也無法發揮企業的全部潛力。

策略的執行有始才有終，因此必須要邁出第一步。這意味著在確定重大行動後，必須將之分解爲一個個比較接近的目標，可以在合理期限

（如6～12個月）內確實完成。要求團隊將目標分解爲可行的小步驟，不僅可敦促團隊在下一步的作爲上腳踏實地，還可以讓你獲得一份路線圖，以便檢查他們是否處於成功的軌道上。

敦促公司邁出第一步

- 討論長期計畫時特別關注第一步
- 從未來回溯，設置每6個月的成長指標，並制定有明確營運指標的接近目標
- 首先要關注行為而不是結果
- 立即匹配並調動所需資源

關注第一步。人們很容易將長期計畫與長期措施相混淆。我們抱著這一天一切都將完美完成的憧憬離開辦公室，但事實上可以眞正控制的事情是現在正在做的，這就是策略的敏銳性所在。

從未來回溯。與其沉浸在想像目標的幻境中，還不如回到現實，老老實實確定里程碑標誌。將整個成長過程以6個月爲周期進行分段，然後自問：我需要在前6個月完成的事務是否眞的可行？如果第一步沒法走，其他部分也屬枉然。如用策略學教授理查．魯梅特（Richard Rumelt）的話說，策略的眞正藝術之一是，基於現有的能力和局限性確定「接近目標」，以及我們現在可在推進策略上做到的最大限度。[6]

首先要關注行爲而非結果。初期對計畫的關注重點應該爲是否已經

邁出第一步，而不是「拿出錢給我看」。過度關注財務結果的業績談話會太強調滯後指標，這是一種後視鏡式的視角。而另一方面，麥肯錫的轉型重組專家們用了更多時間進行檢查，以確保行動已經做出，里程碑已經達到。然後如你所想，結果水到渠成。

盡早調動資源。你可以將長期目標分解爲明確的可操作指標，並查看計畫是否擁有恰當資源。我們不知多少次與客戶討論策略計畫，例如新的成長業務，但當問及人員配備時，他們卻說沒有任何人手。你可能希望投入大量精力讓專案眞正啓動，組織一系列「敏捷的短跑」以確保計畫順利進行。

我們已經指出，重大行動僅在長期堅持時才會具有意義。這是第八個也是最後一個轉變，千里之行始於足下，每個重大行動都必須先邁出第一步。確保資源和人員配備與關鍵的計畫相匹配，也許是提升策略成功機率的最重要一步。

例如某保險公司執行長與團隊制定願景，認爲保險業務將在10年內實現無紙化。很有道理，不是嗎？但當該執行長詢問年度計畫中的用紙量時，發現下一年預計是成長的。他若有所思地對團隊說：「結合我們的願景，有沒有可能明年用紙量持平，以後逐漸遞減？」當然，團隊無法說不，透過針對第一步提出具體問題，這位執行長確實推動了策略！

一籃子方案

前面已經提出許多務實建議，我們確信這都是我們親眼所見，並且能夠奏效的。

關鍵在於，這8大轉變是一組「一籃子方案」，也就是說不能只做一部分，而不做其他的，方案彼此之間有很明確的邏輯關係。此外，人性面像洪水猛獸一樣難以抵擋，必須做足準備，全面落實這些轉變，否則你會展開新的人性面賽局。

讓團隊接受這種新的框架，需要確實的干預。那應該怎麼做？你很可能會找適合自己風格、職位、團隊和業務環境的方式。我們還是透過一個簡單例子說明一下：如果在採納新的策略決策流程之前，專門從1年中留出10天進行討論，並在這期間展開的討論會上一一推出這些轉變，結果會怎樣？這樣做是否有效？

如果出了問題，那也只會是一個地方出錯，並且可在下次討論時修正。我們可以假設，在這10天結束時，你無法釋出可能需要的所有資源。但這很好，就以此爲起點吧，你在第一個計畫周期結束前獲得可釋出的資源，並將其分配給具有最高優先順位的業務。這是一個開始，而更重要的是，你的團隊現在理解這種新流程是怎麼回事了，這將有利於你在未來提高所需的資源水準。

以下是10天會期的大致日程，具體可按照你認爲需要的時長進行。

- 第1天和第2天：啓動會議以開始流程；討論需要解決的策略議題清單；討論維持現狀的情景；安排其餘8天的討論議題；宣布需要爲相關周期釋放的資源。
- 第3天：介紹每個策略議題的確實備選方案；開始討論具體的方

向；確定需要做出的主要選擇；更新策略議題清單和討論順序。

- 第4天：再次介紹針對各項業務的重大行動的備選方案；更新策略議題清單和討論順序。
- 第5天：深入討論優先議題（按照順序）；開始十中選一的選擇；將計畫按照P50和P90分類排序；進行首次表決；更新策略議題清單和討論順序。
- 第6天：深入討論優先議題（按照順序）；介紹針對各項業務的重大行動；做出十中選一的選擇；更新策略議題清單和討論順序。
- 第7天：深入討論優先議題（按照順序）；從成長計畫、改進計畫和所涉及的一系列風險的角度討論重大行動；從公司角度選擇要執行的行動；更新策略議題清單和討論順序。
- 第8天和第9天：深入討論優先議題（按照順序）；將計畫轉化爲非平衡記分卡；研討關鍵的成功因素和失敗模式，制定風險緩和計畫；委任團隊；更新策略議題清單和討論順序。
- 第10天：確定第一步行動；分解詳細的前6個月計畫；清點並更新策略議題和討論順序清單；恭喜！

覺得如何？與尋常的曲棍球桿和「抹花生醬」式的流程相比，這種流程是否更加切合實際，並且更有趣呢？

策略會議

—— 終章 ——

策略會議裡的新氣象

你是否已為接下來的重大行動做好準備？

覺得這一切聽起來都太容易了嗎？也許是。制定策略依然不容易，制定優秀的策略更需要創意泉湧。執行策略則需要堅決，而富彈性的領導力。唯有這樣，企業才有機會提升在經濟利潤曲線上的位置。

但是，根據數十年來我們與數百位執行長的交流，以及在世界各地策略會議和董事會辦公室看到的情況，即使你展示以下三大關鍵特質——努力工作、嶄新理念、富有彈性，也仍然是不夠的。策略的人性面可能會帶來阻礙，它會摧毀優秀的理念，還會造成資源像抹花生醬般被平均分配的曲棍球桿效應，從而產生令大家都失望的結果。

你必須汲取決策的經驗，採取務實的外部視角。只有這樣才可以改變環境，在策略會議展開更加坦誠的討論。

我們確實擺脫了策略制定的人性面問題。

然後，你才有機會就採取重大行動的策略決策達成共識。你可以更容易地在制定團隊激勵機制方面做到公正，在行業狀況對業績的影響程度和個人績效優劣之間進行正確的差異化考核。你有機會制定這樣的激勵機制，讓每個人都按照符合企業及其利益相關者最大利益的方向努力，而非各自為政。總之，你可以為大家創造更美好的生活，並帶來更有利的結果。

我們希望本書可以為各位帶來一些啓發，了解優秀商業策略的奧妙，以及哪些觀點眞的有效，哪些無效。但願本書可幫助各位發現決定成敗的關鍵因素，在思考策略問題時助上一臂之力。現在各位可比照衆多公司以及其實際情況，結合這些工具調整自己的策略。最重要的是，我們希望本書能夠改變各位利用相關資訊的方式，從而在策略會議（以及董事會）上克服策略制定的人性面問題。

策略依然兼具理性和感性，但基於本書的相關研究成果，我們現在已經掌握一些技術，能夠消除一些業務團隊或公司層面在制定策略方面的長期困惑。如果各位認同我們在機率方面的見解，理解書中提升策略成功機率的做法，各位將會以獨到方式克服人類偏見、解決策略制定的人性面問題。我們堅信，如果能做到這點，那麼各位在贏得市場和為股東創造價值方面的勝算，都將大大提高。

附錄

本附錄的內容包括：①我們的樣本和方法；②有關經濟利潤和股東總報酬的說明；③從頂端開始或底部開始的機率有何不同，本書重點講述從中間三組開始的移動。

一、我們的樣本和方法

本書相關結果來自麥肯錫多年的研究工作，經由量化和客觀方式，評估企業策略能奪下市場的可能性。我們無意構建新的框架，只是希望找到提高成功機率的方法。

我們的資料來源。外部視角基於嚴格統計分析，分析的資料集是我們可以檢閱的最大且眞實可信的資料集。我們專有的麥肯錫企業績效分析資料庫中，包括3925家大型非金融企業，涉及59個行業、73個國家和地區，時間跨度長達15年。

時間周期。我們的樣本分爲三個5年：2000年至2004年、2005年至2009年以及2010年至2014年。爲排除干擾因素，我們取這些周期中經濟利潤的平均值，只考慮在這5年中有3年及以上充分資料的樣本。我們在不同的起點多次重新計算模型（這是本書的一大奢侈之處，因此花費多年才最終付梓），我們經由不同時間進行驗證，得到的結果一直極爲穩健。

樣本。就研究周期而言，2393家企業擁有充分資料，足夠我們長期追蹤其在經濟利潤曲線上的變動；這意味著在2000年至2004年以及2010年至2014年間，5年中起碼有3年的經濟利潤是可計算的。樣本覆蓋了三個5年、59個行業、62個國家和地區，這是貫穿全書的一致參考點。最終樣本共2393家企業，2010年至2014年間的收入介於7億至4580億美元之間，中間值爲52億美元，平均值爲124億美元。最終的樣本企業中，僅101家收入超過500億美元，僅31家超過1000億美元。我們的樣本是全球性的，但亞洲企業最多，共945家，其次爲北美洲（744家）、歐洲（552家）、南美洲（72家）以及其他地區（80家）。

經濟利潤的計算。經濟利潤的計算基於麥肯錫專有的企業績效分析資料，確保了資料集的可靠與「對等」，涵蓋不同的企業、司法管轄區和時間。所使用的方法與我們最常用的估值方法一致：稅後淨營業利潤（NOPLAT）扣除資本費用（投資資本乘以加權平均資本成本〔WACC〕）。我們對加權平均資本成本的計算，基於全球的行業貝塔值。但由於大多數企業的利潤都以當地貨幣計算，所以人爲地兌換成美元計價將導致經濟利潤出現或大或小的變動。因此，經濟利潤折算爲美元金額時，我們使用基於同期貨幣之間平均通貨膨脹差異的折算係數。

行業分類。我們使用標普道瓊指數公司（S&P Dow Jones Indices）開發的全球行業分類標準（GICS），該標準共分四級、11個行業部門、24個行業組、68個行業、157個子行業。中間兩個等級對於描述性目的最有意義，均包含3925家企業的原始資料庫以及包含2393家資料充分企業的最終資料集，涵蓋20個行業組和59個行業。

機率模型。對於這2393家企業中的每一家，我們都蒐集了公開資料，並按40個評分變數歸類。然後，我們利用多項邏輯迴歸模型來估算這40個可能的評分變數，對於在經濟利潤曲線中上移和下移機率的影響。我們的演算法進一步將這些變數篩選爲10個變數，創建了統計上最顯著和最高效的迴歸模型。

預測能力。爲了檢驗我們模型的準確度，我們使用「受試者操作特徵曲線」（ROC），得分超過80（滿分100分）將被視爲預測能力強。我們分析追蹤2004年至2014年之間的變動，ROC得分爲82.8分。這意味著對於由一家向上移動的企業和一家非向上移動的企業組成的任何企業而言，我們的模型有82.8%的機率會選擇向上移動的企業。雖然得分很高，但基於歷史資料的預測模型，也可能會反映與測試變數同樣多的干擾，並且容易過度擬合（overfitting）。因此，我們針對不同的時間周期跑這一模型，但仍然得出至少78%的ROC得分。所以雖然我們的結果源於追溯性資料，但我們相信對前瞻性預測仍具有意義。

二、有關經濟利潤和股東總報酬的說明

股東總報酬僅在有意外因素時，才與風險調整後的權益成本不同。因此，爲了解業績對股價的影響，我們必須考慮預期的起點。

我們將蒐集的樣本放入一個5×5矩陣：一個軸分爲五等分，計算五分位數中的平均企業價值／稅後淨營業利潤；另一個軸計算經濟利潤的

後續發展（相對於初期的規模擴展）。請參閱圖A1。

圖A1 **股東總報酬**

股東總報酬與你的成績和最初的預期有關

經濟利潤成長* 五分位 10年之後的 2010年—2014年	從多個五分位數出發** 2000年—2004年 最低	II	III	IV	最高	全部
最高	25	21	18	13	9	17
IV	19	14	13	8	8	12
III	15	9	5	5	4	7
II	11	8	6	4	5	7
最低	11	7	6	2	1	7
全部	16	11	9	7	6	10 整個樣本的平均值

*按經濟利潤的變動計算，以開始的隱性成本為比例

**按淨企業價值／稅後淨營業利潤計算

資料來源：McKinsey Corporate Performance Analytics™

在進行這項計算時，可非常明顯地看到，最理想的情形是低預期高業績，最差的則恰恰相反。但矩陣也顯示，對於高階主管而言，低預期起點與實現突破性業績一樣重要。

另一個明顯的結論是，無論起點的五分位數高低，經濟利潤的成長都會給股東創造更高的報酬。在研究期間，業績最好的企業實現了17%的總報酬率，而在底部60%的改進者中，總報酬率僅為7%。

三、從頂端開始或底部開始的機率有何不同

我們對優勢、趨勢和行動的總體觀察，以位於中間三組的企業爲基準，當然並非所有企業都在這一區間。事實上根據相關定義，有40%的企業不屬這一區間，其中一半深陷底部，另一半位於人人都想達到的前五分之一。而且可以確定的是，如果起點不是在中間三組，也會差異很大。

如果起點在中間三組，只有8%機率提升至前五分之一；但如果起點在前五分之一，有59%機率留在原地。

也許更爲有用的是知道這點——10種變化特徵的臨界值和影響，將因起點的不同而有很大差異。以規模爲例，「大型」的定義會略有變化，根據起點的不同，發展壯大會對你的機率有不同影響。對於一家中間位置的公司，收入躋身前20%時就屬於大型公司了。

如果位於頂端，你需要躋身前10%；如果位於底部，只需要進入前30%。當發展爲大型公司時，如果起點在中間，可將你移動到前五分之一的機率從8%提升至23%；如果起點在頂端，可將留在原位的機率從59%提升至74%；如果起點在底部，則只能將你上移（至中間或頂部）的機率從57%提升至61%。

曲線頂端的生活

對於起點在前五分之一的企業（見下頁圖A2），透過增加資本支出採取重大行動對其移動的機率在統計上不具有顯著影響。但這並不是說一旦進入頂端，就能停止資本支出，這只意味著此時在資本支出上領先不一定會提高繼續留在頂端的機率。

已經屬於前五分之一的明星企業組，可能已經展現充分投資機會以提升經濟利潤，因此進一步擴大資本不會帶來眞正變化。或者在明星企業所處行業，收益高於資本成本的投資機會池已經開始乾涸。

與進行重大資本支出相比，位於頂端的企業藉由其他重大行動捍衛其在經濟利潤曲線上的地位效果更好（尋找收購機會、重新配置資源到最佳用途、開展經營模式創新，特別是生產力改進）。

起點在頂端時最重要的重大行動是**生產力改進**，因爲投資資本的規模和較高的資本回報率已經讓你取得該地位，此時要找到能夠實現眞正變化的增值性投資機會（收購、資本支出重新配置或成長專案），難度大大增加。

曲線底部的生活

對於起點在底部的企業而言（見第260頁圖A3），過去的研發支出似乎沒有改變在曲線中上移的機率，其最大的變數是**行業趨勢**和**資本支出**，並且需要避免在差異化改進方面位於最後十分之一。

圖A2 **從頂端出發時的機率**

前五分之一的企業有59%機率留在頂端

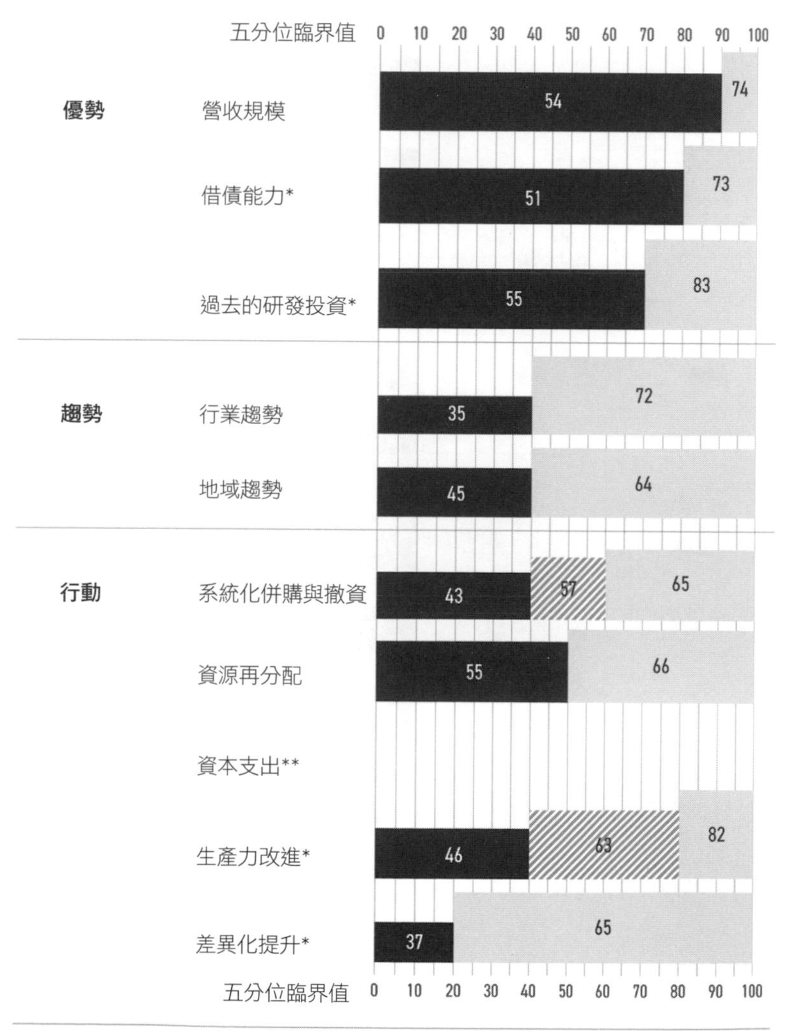

*按行業中位數標準化

**對於起點在前五分之一的企業，資本支出水準對其移動的機率在統計上不具顯著影響

資料來源：McKinsey Corporate Performance Analytics™

圖A3 **從底部出發時的機率**

後五分之一的企業有57%機率走出底部

走出底部的百分比機率

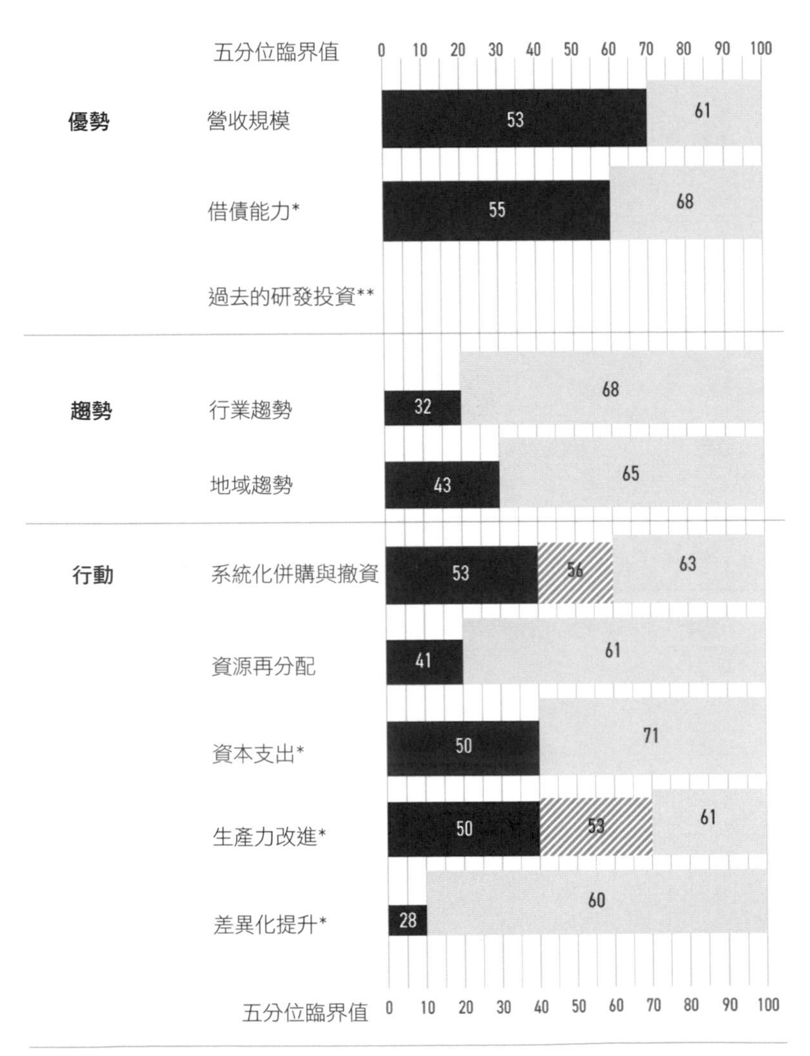

*按行業中位數標準化

**對於起點在最後五分之一的企業，過去的研發支出對其向上移動的機率在統計上不具有顯著影響

資料來源：McKinsey Corporate Performance Analytics™

但總體而言，根據在經濟利潤曲線上的起點不同，相關的優勢也存在較大差異，而不變的是，10大槓桿對於在曲線上上移的機率具有重要意義。不論起點在哪裡，自身的優勢都會助力。趨勢將隨著時間推移推動你前進或後退，你應當盡最大可能調整適應，並且相對競爭對手而言，採取盡可能多的重大行動。過去，我們在策略會議裡並沒有認識到企業所處位置（頂端、底部或中間）帶來的巨大不同。而現在，我們已對此了然於胸。

致謝

我們的客戶，多年來不斷嘗試和檢驗本書中總結的諸多觀點，並將他們的智慧無私地與我們分享，在這裡再次向他們致以最高敬意。

麥肯錫的合夥人，感謝你們多年來的信任和努力，幫助我們創造了重塑策略的一系列獨到見解，敢登「前人未攀之高峰」。

尼古拉斯·諾斯科特（Nicholas Northcote），在他主管分析工作的4年期間，花費大量時間與我們在策略會議交流，就書中的見解和故事進行激辯……決不輕言放棄，就像他在現實生活中參加拳擊比賽的時候一樣。

保羅·卡羅爾（Paul Carroll），唯一真正知道如何完成一本書的人。

派翠克·維格里（Patrick Viguerie），團隊的資深成員，提供了早期的啓迪。

安格斯·道森（Angus Dawson），其貢獻要追溯至《精微化成長》一書。

畢比·斯密特（Bibi Smit）、薩賓·希爾特（Sabine Hirt）和梅爾·布萊德利（Mel Bradley），感謝他們的智慧和耐心，更要感謝他們及我們的家人，在無休無止的工作中給予堅定支持。特別感謝薩賓對原稿進行親力親爲的回饋。

我們的麥肯錫支持團隊在過去3年來也不辭辛勞地付出：安德列·

霍姆爾（Andre Fromyhr）、埃莉諾・賓士利（Eleanor Bensley）和露西・沃克（Lucy Wark）爲本書的成稿做出貢獻；寶娜・古普塔（Bhawna Gupta）、羅理奇・班沙爾（Roerich Bansal）、維克拉姆・康納（Vikram Khanna）、札克・泰勒（Zack Taylor）、派翠克・斯特羅尼（Patryk Strojny）、斯文・卡姆米雷爾（Sven Kmmerer）、恩里克・高梅茲・塞拉諾（Enrique Gomez Serrano）和沃拉基米爾・尼科盧克（Wladimir Nikoluk）爲我們建立分析概念和事實基礎提供了大力支援。

寶娜・古普塔和她的團隊負責創建模型，數年來花費大量時間整理資料，並支援我們與上百位執行長進行溝通交流。

蒂姆・克羅爾（Tim Koller）、維爾納・雷姆（Werner Rehm）、江濱（Bin Jiang）、馬克・德・卓恩（Marc de Jong）以及他們在麥肯錫策略分析中心的團隊，多年來與我們進行了多次鼓舞人心的交談，幫助我們建立了企業績效分析方面的一系列獨特見解。

維多利亞・紐曼（Victoria Newman）、布雷爾・華納（Blair Warner）、泰米・安森・史密斯（Tammy Anson Smith）、妮可・薩爾曼（Nicole Sallmann）、菲力浦・哈茲利特（Philippa Hazlitt）和珍妮佛・蔣（Jennifer Chiang），爲我們的服務專線、服務範圍和相關工作提供回饋和支援。

傑瑞米・班克斯（Jeremy Banks）和邁克・夏皮羅（Mike Shapiro），用他們的漫畫插圖讓我們的文字更加活靈活現。

多個重要策略見解背後的思想領袖，特別是邁可・比爾桑（Michael Birshan）、丹・洛瓦羅（Dan Lovallo）和史蒂芬・霍爾（Stephen Hall）

——資源重新配置；比爾．休耶特（Bill Huyett）、安迪．韋斯特（Andy West）和羅伯特．烏蘭納（Robert Uhlaner）——併購中的價值創造；羅瑞麟（Erik Roth）、馬克．德．卓恩和歐高敦（Gordon Orr）——創新；伊斯拉．格林伯格（Ezra Greenberg）以及麥肯錫全球研究院的同事——趨勢。在本公司之外，丹．艾瑞利（Dan Ariely）、丹尼爾．康納曼、約翰．羅伯茨（John Roberts）、菲爾．羅森維（Phil Rosenzweig）、理查．魯梅特、納西姆．尼可拉斯．塔雷伯、菲力浦．泰洛克（Philip Tetlock）和理查．塞勒等的工作成果也給我們帶來相當大的啓發。

艾倫．韋伯（Allen Webb）、瑞克．柯克蘭德（Rik Kirkland）、瓊安娜．帕奇納（Joanna Pachner）和約書亞．道斯（Joshua Dowse），提供了寶貴的指導和編輯意見。也感謝麥肯錫雪梨設計部的詹姆斯．紐曼（James Newman）和妮可．懷特（Nicole White）提供圖表設計。

全球數以百計的合夥人同事給了我們無比的信任，安排我們與他們負責客戶的董事長和執行長進行無數次極具啓發意義的會談。

註釋

序章　歡迎來到策略會議

①最近我們的一個新辦事處發了電子郵件，希望就哪些書應列入閱讀書目給出一些建議，以下是麥肯錫公司的資深策略管理顧問們最喜歡的策略相關圖書清單：《戰略大歷史》（*Strategy：A History*）、《創新者的兩難》（*The Innovator's Dilemma：When New Technologies Cause Great Firms to Fail*）、《好策略，壞策略》（*Good Strategy Bad Strategy：The Difference and Why It Matters*）、《孫子兵法》《競合策略》（*Coopetition：A Revolutionary Mindset That Combines Competition and Cooperation*）和《策略大師》（*The Lords of Strategy：The Secret Intellectual History of the New Corporate World*）。除了這些主流圖書，書單中還包括一些與策略有些許相關性的書，如《反脆弱》（*Antifragile：Things That Gain from Disorder*）、《精準預測》（*The Signal and the Noise：Why So Many Predictions Fail—but Some Don't*）和《快思慢想》（*Thinking, Fast and Slow*）。書單中的一些書籍還回顧了1776年以來策略的歷史軍事根源，包括：《羅馬帝國衰亡史》（*Decline and Fall of the Roman Empire*）、《戰爭論》（*On War*）和《入世賽局》（*The Strategy of Conflict*）。

②普遍認爲來自管理學大師彼得・杜拉克。

③關於內部視角與外部視角的對比總結，請參見Beware the inside view，《麥肯錫季刊》，2011年11月，也可訪問McKinsey. com閱讀此文章，其中諾貝爾獎得主丹尼爾·康納曼講述他是如何開始思考這個問題的。爲了進行更深入的研究，他針對行爲經濟學展開更廣泛的調查，請參見丹尼爾·康納曼所著的《快思慢想》。

④請參見菲力浦·泰洛克（Phillip Tetlock）所著的《專家的政治判斷》（*Expert Political Judgment：How Good Is It？How Can We Know？*）。泰洛克舉辦長達數年的專家預測競賽，促使政治學家和國際關係學者爭相比拚準確率。這場競賽也使他得出結論：專家預測者的知名度越高，就越容易過度自信。泰洛克說：「受歡迎的專家，比他們那些在遠離聚光燈的地方竭力維持存在感的默默無聞同事更加自負。」

⑤欲詳細了解我們的模型，請參見附錄。

第1章　策略會議裡的賽局

①這些典型的商學院案例都是關於「創新者的兩難」的：具備主導性市場占比和市場領先技術的企業，未能意識到或未能應對新技術的顚覆效應。關於這個概念最初的表述，請參見克雷頓·克里斯汀生（Clayton Christensen）所著的《創新者的兩難》。

②SWOT是優勢（Strength）、劣勢（Weakness）、機會（Opportunity）和威脅（Threat）的首字母縮寫，這是過去幾十年常見的一種規畫框架，用於評估內部優勢和劣勢，以及外部的積極因

素和負面因素。

③請參見克里斯．布萊德利、安格斯．道森（Angus Dawson）和安東尼．蒙塔德（Antoine Montard）共同撰寫的文章〈Mastering the building blocks of strategy〉。在本文中，我們明確列出4種規畫優秀策略的方法：公平對待所需要素，打破你自己的迷思，讓它們彼此碰撞，切勿讓你的策略半途而廢。了解更多打破迷思的相關理念，請參閱布萊德利的系列部落格文章：〈Strategists as myth busters：Why you shouldn't believe your own stories〉。

④請參見傑克．威爾許和約翰．伯恩（John Byrne）合著的《jack：20世紀最佳經理人，最重要的發言》（*Jack*：*Straight from the Gut*）。

⑤也被稱作「喬伊法則」，普遍認爲來自昇陽電腦聯合創始人比爾．喬伊（Bill Joy）。

⑥請參見丹尼爾．康納曼所著的《快思慢想》。關於本段中與以色列教科書專案有關的故事的摘要，請參見丹尼爾．康納曼的摘錄：Beware the inside view。

⑦再次參見菲力浦．泰洛克所著的《專家的政治判斷》。泰洛克舉辦長達數年的專家預測競賽，促使政治學家和國際關係學者爭相比拚準確率，從而得出結論：專家往往會在評估資訊時使用雙重標準──他們在評估那些會削弱其理論有效性的資訊時，比評估那些支援其理論有效性的資訊時嚴苛得多。另請參見菲力浦．泰洛克和丹．賈德納（Dan Gardner）合著的《超級預測》

（*Superforecasting：The Art and Science of Prediction*）。第二本書詳細介紹「Good Judgment Project」這一專家預測競爭，又稱IARPA（Intelligence Advanced Research Projects Agency，美國情報高級研究計畫署）競賽，從2011年一直舉辦到2015年。在這本書中，泰洛克對透過識別成功預測者的特點來實現精確預測的可能性比較樂觀。

⑧請參見賴瑞．斯威德羅（Larry Swedroe）撰寫的文章〈Why you should ignore economic forecasts〉。

⑨目前本書三位作者中的兩位是這種情形，另一位依然沒有白髮，看起來像是剛大學畢業。

⑩這些結果來自我們在2014年對159名首席策略長進行的一項調查，意在了解策略決策流程方面的情況，這也是本書進行的研究的一部分。

⑪有一些很棒的暢銷書都出自這個新興領域的眞正先驅之手，讓普通讀者可獲得第一手介紹。我們最推薦的3本是：丹尼爾．康納曼所著的《快思慢想》、丹．艾瑞利（Dan Ariely）的《誰說人是理性的》（*Predictably Irrational：The Hidden Forces That Shape Our Decisions*），以及理查．塞勒所著的《不當行爲》（*Misbehaving：The Making of Behavioral Economics*）。

⑫請參見艾瑞克．詹森（Eric Johnson）和丹尼爾．古德斯坦（Daniel Goldstein）在2004年的原創研究〈Defaults and donation decisions，Transplantation〉。這篇論文和其他很多重要的行爲經

濟學文獻都出現在丹．艾瑞利的《誰說人是理性的》裡。

⑬請參見菲爾．羅森維（Phil Rosenzweig）所著的《光環效應》（*The Halo Effect and the Eight Other Business Delusions That Deceive Managers*）。羅森維在這本重要的書籍中指出，我們經常急於把自己觀察到的行爲與結果聯繫起來，導致得出這樣危險的結論：「如果我做了某事，也可以得到那個結果。」雖然我們從理性上明白，經過精挑細選的案例、鬆散的因果關係、忽略的樣本和倖存者偏差，都會引發糟糕的決策，但有趣的是，這些廣爲流傳的錯誤思維不僅能在董事會裡看到，還會出現在管理學書籍和文章中。

⑭關於冠軍心態的更多資訊，請參見蒂姆．考勒（Tim Koller）、丹．洛夫羅（Dan Lovallo）和贊恩．威廉姆斯（Zane Williams）共同撰寫的文章〈A bias against investment?〉。

⑮請參見多明尼克．多德（Dominic Dodd）和肯．法沃羅（Ken Favaro）合著的《三種張力》（*The Three Tensions：Winning the Struggle to Perform Without Compromise*）。

⑯請參見德魯．威斯騰（Drew Westen）就政治推理方面的確認偏誤展開的突破性工作，例如：德魯．威斯騰、帕威爾．布拉格夫（Pavel Blagov）、基斯．哈倫斯基（Keith Harenski）、克林特．基爾茲（Clint Kilts）和史蒂芬．哈曼（Stephan Hamann）共同撰寫的文章〈Neural bases of motivated reasoning：An fMRI study of emotional constraints on partisan political judgment in the 2004 US presidential election〉。

⑰倖存者偏誤的概念主要歸功於亞伯拉罕・瓦爾德（Abraham Wald）和他的美國海軍統計研究小組在第二次世界大戰期間所做的工作。倖存者偏誤會創造一個資料集來解釋一種現象，但其中只包括可見的剩餘觀察對象——倖存者，而不包括全部可能的觀察對象。在研究如何在敵人炮火中盡可能減少轟炸機的損失時，他們發現能在任務中倖存下來的轟炸機，被擊中的是不太致命的部位，於是建議加強沒有被擊中的機身部位。海軍則希望加強機身被擊中的部位，但瓦爾德和他的團隊提出一個均衡破壞的假設，以此得出結論：那些被敵軍擊中其他部位的飛機的損失率，遠高於遭受破壞但最終倖存下來的飛機。具有諷刺意味的是，瓦爾德和他的妻子最終在前往印度做演講時在尼基里山遭遇空難身亡。

⑱這個有趣的詞彙來自納西姆・塔雷伯（Nassim Nicholas Taleb）所著的《黑天鵝》（*The Black Swan*：*The Impact of the Highly Improbable*）。塔雷伯寫道：「2000多年前，古羅馬演說家、純文學作家、思想家、斯多葛學派哲學家、善於操控的政治家和（通常的）正人君子馬庫斯・圖利烏斯・西塞羅（Marcus Tullius Cicero）講了這樣一個故事：不信上帝的迪亞戈拉斯看到一些繪有圖案的碑，上面畫著一些拜神者的肖像，他們祈禱後便在隨後的海難中倖存下來。這暗示祈禱可以保護你不被淹死。迪亞戈拉斯問：『那些祈禱之後又被淹死的人的畫呢？』」

⑲商業環境中目前所理解的「委託代理」問題，源自一些學者在一九七○和八○年代提出的一系列經濟和制度理論的結合，例如史蒂芬．羅斯（Stephen Ross）、邁克爾．簡森（Michael Jensen）、威廉．麥克林（William Meckling）、約翰．羅伯茨（John Roberts）等。他們這一成果的基礎是，早期的博弈論對資訊不對稱環境下的激勵相容問題的研究。當一個代理人需要為另一個人或組織制定決策，而後者的資訊、偏好、利益可能與該代理人不相符時，就會出現這種問題。當他們之間的利益出現分歧時，通常就會涉及「道德危機」。邁克爾．簡森和威廉．麥克林做出一項重要學術貢獻，他們詳細闡述外部債務和股權的存在，與管理者的利益之間的關係不像與所有者的利益那樣直接時，會產生什麼樣的代理成本。請參見〈Theory of the firm：Managerial behavior，agency costs and ownership structure〉。約翰．羅伯茨在《現代企業》（*The Modern Firm*）這本頗具影響力的書中簡練地總結和應用了很多關於商業機構的想法，該書被《經濟學人》評為當年最佳商業書籍。

⑳人們普遍認為這段話出自這對著名的搭檔和投資者。我們找到的另一個版本是：「金融業是5％的理性的人，加上95％的薩滿巫師和信仰治癒者。」

㉑請參見史蒂芬．霍爾（Stephen Hall）、丹．洛沃羅和雷尼爾．慕斯特爾斯（Reinier Musters）共同撰寫的文章〈How to put your money where your strategy is〉。這已經成為麥肯錫策略實踐的

一個主題。請參見所列文章，如：安宏宇（Yuval Atsmon）撰寫的〈How nimble resource allocation can double your company's value〉；史蒂芬·霍爾和考納·基歐（Conor Kehoe）共同撰寫的〈Breaking down the barriers to corporate resource allocation〉；邁克爾·比爾桑（Michael Birshan）、瑪利亞·恩格爾（Marja Engel）和奧利弗·西博尼（Oliver Sibony）共同撰寫的〈Avoiding the quicksand：Ten techniques for more agile corporate resource allocation〉。

㉒關於柯達在面對科技革命時未能成功改變的複雜原因，請參見這篇優秀作品，它回顧了商業知識中老生常談的內容：史兆威（Willy Shih）撰寫的文章〈The real lessons from Kodak's decline〉。

第2章　讓策略會議開一扇窗

①「弗拉·毛羅（Fra Mauro）地圖」被視爲中世紀最偉大、最詳細的地圖之一，是在十五世紀中葉由一名威尼斯傳教士花費幾年時間繪製的。其長寬均爲2公尺左右，採用「上南下北」的方位。這張地圖一直陳列在威尼斯的科雷爾博物館。

②十六世紀的繪圖員迪奧哥·里貝羅（Diogo Ribeiro）最重要的作品被認爲是1529年的「皇家地圖」（Padrón Real）。有6個副本被認爲是里貝羅製作的（包括本文配圖中的魏瑪版），都保存在魏瑪大公爵圖書館。西班牙和葡萄牙爲了控制香料貿易而展開的

競爭，以及麥哲倫1522年的第一次環球航行，共同造就了這張地圖；具有重要價值的摩鹿加群島的控制權將由地圖對地球的「客觀」描述來決定，但葡萄牙人里貝羅轉換立場，拿到西班牙人給的錢後，便把這些群島畫到西班牙的那一半裡。

③請參見哈拉瑞所著的《人類大歷史》。

④經濟利潤曲線分析最早出現在克里斯．布蘭德利、安格斯．道森和斯文．斯密特共同撰寫的文章〈The strategic yard stick you can't afford to ignore〉。

⑤請參見克里斯．布萊德利、賀睦廷和斯文．斯密特共同撰寫的文章〈Have you tested your strategy lately?〉。

⑥經濟增加值（EVA）也稱經濟利潤。這是一種財務業績指標，計算方法是從一家公司的稅後營業利潤中減去資本成本。關於更多資訊，參見蒂姆．考勒、馬克．戈德哈特、大衛．維塞爾斯和湯瑪斯．考普蘭合著的《估值》（*Valuation：Measuring and Managing the Value of Companies*）。

⑦請參見附錄，透過更詳細的圖表了解經濟利潤與股東總報酬之間的關係。關於公司財務價值的話題，請參見蒂姆．考勒、馬克．戈德哈特、大衛．維塞爾斯和湯瑪斯．考普蘭的《估值》，以及蒂姆．考勒、理查．多布斯（Richard Dobbs）和比爾．休耶特（Bill Huyett）合著的《價值》（*Value：The Four Cornerstones of Corporate Finance*）。如欲了解我們如何看待股東總報酬，請參考巴斯．帶爾德（Bas Deelder）、馬克．格哈特（Marc H.

Goedhart）和安科・阿格拉沃爾（Ankur Agrawal）共同撰寫的文章〈A better way to understand TRS〉。

⑧我們衡量利潤時使用NOPLAT——稅後淨營業利潤。已投資本包括66億美元經營性資本投入和26億美元商譽及無形資產。換句話說，一家典型公司有28%的資本，代表收購時支付的帳面價值的增值。高階主管往往偏向排除商譽，他們認爲這更能眞實代表企業的經營業績和增值回報。我們則偏向包含商譽。第一，實證經驗表明，企業增長有相當一部分來自且將會來自收購，因此計入商譽後的回報更能反映眞實狀況。第二，商譽是眞正的投資者花費的眞金白銀，而且仍然需要回報。

⑨「冪次定律」指兩個量之間的一種函數關係，排除初始值影響之外，一個量的相對變化會導致另一個量的相對比例發生變化：一個量作爲另一個量的冪而變化。研究發現，自然科學和社會科學中普遍存在冪次定律，許多行業領域同樣如此。例如，能用冪次定律解釋的現象包括分形學、恒星的初始品質、城市人口的增長，甚至風險投資的回報。

⑩這2393家公司也都擁有充足而連續的資料，讓我們可以完成研究。請參見附錄，了解樣本構成的詳細資訊。

⑪一般而言，在齊普夫定律描述的模式中，一個專案或事件出現的頻率，與其在頻率表裡的排名成反比。英語中使用的單詞就是這樣一個例子。

⑫以下是2010年至2014年前40的公司排名：蘋果、微軟、中國移

動、三星電子、埃克森、強生、甲骨文、羅氏（Roche）、必和必拓（DHP）、沃達豐、英特爾、思科、輝瑞（Pfizer）、葛蘭素史克（GlaxoSmithKline）、諾華（Novartis）、阿斯利康（AstraZeneca）、雀巢、雪弗龍（Chevron）、默克、沃爾瑪、可口可樂、高通（Qualcomm）、中海油（CNOOC）、英美菸草公司（BAT）、西班牙電信（Telefonica）、聯合健康（UnitedHealth）、吉利德科學（Gilead）、賽諾菲（Sanofi）、美洲電信（America Movil）、台積電、中國石油、百威英博（AnheuserBusch）、奧迪、百事、雅培（Abbott）、聯合利華、威訊通訊（Verizon）、奧馳亞（Altria）、安進（Amgen）、西門子。其中有11家製藥／生物科技公司、8家消費品公司、8家科技公司、5家國際資源公司（由於大宗商品的周期性，它們2014年之後已經在表單中下滑）、5家電信商、一家醫療健康提供商、一家汽車公司、一家工業製造商。

⑬我們有時會對總經濟利潤提出質疑，因為有人感覺這項指標過於偏向大公司，而不利於擁有高利潤率的小公司。可是，誰更有價值呢？是能在右投手手中，在100個打席裡繳出打擊率0.300的大聯盟球員，還是500個打席裡繳出打擊率0.285的普通球員？我們都知道應該選誰。

第3章　夢想很豐滿，現實很骨感

①請參見丹．洛沃羅和奧利弗．西博尼共同撰寫的文章〈The case

for behavioral strategy〉。

②更多資訊，請參見克里斯・布萊德利的文章〈Hockey stick dreams，hairy back reality〉。

③請參見歐拉・斯文森（Ola Svenson）1981年的論文〈Are we all less risky and more skillful than our fellow drivers?〉。

④請參見丹尼爾・康納曼和丹・洛沃羅共同撰寫的文章〈Timid choices and bold forecasts： A cognitive perspective on risk taking〉。

⑤請參見保羅・卡羅爾（Paul Carroll）所著的《憂鬱的巨人》（*Big Blues*：*The Unmaking of IBM*）。保羅是一名華爾街記者，曾經報導IBM多年。本書出版的那年，郭士納（Lou Gerstner）出任執行長，開始如今已名滿天下的IBM復興計畫。

⑥請參見約書亞・芬頓（Joshua Fenton）、安東尼・吉蘭特（Anthony Jerant）、克里・博塔基斯（Klea Bertakis）和彼得・弗蘭克斯（Peter Franks）共同撰寫的文章〈The cost of satisfaction〉。

⑦「預測很難，預測未來尤其困難」這句話的不同表達，源自丹麥諾貝爾物理學獎得主尼爾斯・玻爾（Niels Bohr），和後來的紐約洋基隊著名球員兼教練尤吉・貝拉（Yogi Berra）。

⑧請參見納西姆・塔雷伯所著的《隨機騙局》（*Fooled by Randomness*：*The Hidden Role of Chance in Life and in the Markets*）。塔雷伯發明「敘述謬誤」（narrative fallacy）一詞來描述一種現象：爲了便於理解，人們往往傾向把複雜的事實變成

過於簡單的敘述。必須指出的是，這種效應會在兩個方向破壞我們的判斷，削弱我們衡量未來可能性和判斷過去因果關係的能力。換句話說，令我們備受折磨的不僅是過去的不確定性，還有未來的不確定性。

⑨請參見史蒂芬．霍爾（Stephen Hall）和雷尼爾．慕斯特爾斯共同撰寫的文章〈How to put your money where your strategy is〉。

第4章　勝算有多大？

①相關的高品質討論，請參見我們的前同事安宏宇撰寫的文章〈How tales of triumphant underdogs lead strategists astray〉。

②你在研究這個矩陣時可能想知道的一件事情是：爲什麼從底部移動到頂端的機率（17%），高於從中間移動到頂端的機率（8%）。原因在於，規模較大的公司在頂端和底部的比例過高。考慮到它們的規模，如果其資本回報率發生變化，就更有可能從底部移動到頂端，而不會停留在中間。

③請參見瑞士信貸的邁克爾．莫布森（Michael Mauboussin）、丹．卡拉漢（Dan Callahan）和達瑞斯．馬吉德（Darius Majd）所著的《基本比率》（*The Base Rate Book*）。該資源（本書出版時可以在網上免費獲取）根據規模等各種人口特徵，列出成長和業績的機率分布表。這是向策略和投資中引入外部視角的好例子。

④人們普遍認爲，這句話出自這位曾在美國國家橄欖球聯盟擔任19個賽季總教練的比爾．帕塞爾斯（Bill Parcells）。比爾．帕塞爾

斯執教紐約巨人隊時拿下兩屆「超級盃」冠軍，後來還擔任新英格蘭愛國者隊、紐約噴氣機隊和達拉斯牛仔隊總教練。

⑤請參見〈Staying one step ahead at Pixar：An interview with Ed Catmull〉。

第5章　如何找到眞正的曲棍球桿計畫

①請參見IBM前執行長、曾在麥肯錫紐約任職的郭士納撰寫的經典文章〈Can strategic planning pay off？〉。我們在2013年重印了該文，以此作爲一項回顧計畫的一部分來紀念《麥肯錫季刊》創刊50周年。早在1973年，他就將策略規畫中的革命性承諾（新的熱門管理工具）與公司內部的實際進程進行比較。透過一種在45年後與我們形成共鳴的方式，他指出，根本缺陷在於「未能在當下決策中引入策略計畫」。他建議讀者「制定決策，而不是計畫」，融入靈活性和不確定性，確保「自上而下的領導力」，而不只是彙總自下而上的觀念，卻不考慮關聯性和權衡取捨，同時還要關注「資源再分配決策」。當《麥肯錫季刊》主編艾倫·韋伯（Allen Webb）從資料中發現它時，我們才讀到這篇文章，並且發自內心地感慨：太陽底下無新鮮事。

②請參見珍妮佛·萊茵戈德（Jennifer Rheingold）和瑞恩·安德伍德（Ryan Underwood）共同撰寫的文章〈Was "built to last" built to last？〉。也可參見本書作者之一克里斯·布萊德利的分析〈What happened to the world's "greatest" companies？〉。

③再次參見菲爾．羅森維所著的《光環效應》。

④湯瑪斯．貝葉斯牧師，這位18世紀中早期的統計學家、哲學家和長老會牧師開發一項重要的統計技術，能在整合新的資訊之後提高估算的精確度。

⑤請參見Fading stars，《經濟學人》，2016年2月27日。

第6章　不祥徵兆已現

①本章中的觀點源自克里斯．布萊德利和克雷敦．歐圖樂（Clayton O'Toole）的文章〈An incumbent's guide to digital disruption〉。在此對該文合著者克雷敦．歐圖樂爲本章觀點提供的幫助表示衷心感謝。

②參見克里斯．布萊德利、賀睦廷和斯文．斯密特合撰的文章〈Have you tested your strategy lately？〉。

③參見史蒂芬．霍爾、丹．洛瓦羅和雷尼爾．慕斯特爾斯合撰的文章〈How to put your money where your strategy is〉。

④參見派翠克．維蓋瑞（Patrick Viguerie）、斯文．斯密特和麥霍德．巴亥（Mehrdad Baghai）所著的《精微化成長》。

⑤世界經濟論壇，全球創業與新創公司的成功成長策略報告（2011年4月）。

⑥參見里德．哈斯廷斯的文章〈An explanation and some reflections〉，Netflix blog，2011年9月18日。有趣的是，該文是在事件還未公開時寫的，因此免於歷史「選擇性記憶」的淘洗。

⑦參見雷・庫茲威爾（Ray Kurzweil）2009年2月的TED演講「A university for the coming singularity」。

⑧馬歇爾・麥克魯漢（Marshall McLuhan），《認識媒體》（*Understanding Media：The Extension of Man*）。

⑨參見馬克・德・卓恩（Marc de Jong）和門諾・馮・迪吉克（Menno van Dijk）合撰的文章〈Disrupting beliefs：A new approach to business'model innovation〉。

⑩施普林格公開駁斥的評論，因爲它的數位化復蘇已經加速，如公司電子傳媒總監金斯・慕菲爾曼博士（Jens Müffelmann）和併購暨策略總監奧利弗・舍弗爾（Oliver Sch　ffer）的一次高規格演講。參見「Key to digitization：M&A and asset development」，Axel Spinger，2012年。

⑪被澳洲媒體廣泛引用，如伊莉莎白・奈特（Elizabeth Knight），〈Media rivals facing a brave new world〉，《雪梨先驅晨報》，2013年6月8日。

第7章　採取正確行動

①參見維爾納・雷姆（Werner Rehm）、羅伯特・烏蘭納（Robert Uhlaner）和安迪・韋斯特（Andy West）的文章〈Taking a longer term look at M&A value creation〉。

②參見邁克爾・比爾桑、湯瑪斯・米肯（Thomas Meakin）和庫爾特・斯托羅文克（Kurt Strovink）的文章〈What makes a

CEO "exceptional"?〉。

③儘管因大肆流行而變得含義模糊，但仍是十分突出的概念。改進生產方法側重於對生產過程中的低效性來源的持續改進，如浪費、變差和過度負擔。精實生產側重於減少浪費。參見史蒂芬·斯皮爾（Steven Spear）和肯特·博溫（H. Kent Bowen）的文章〈Decoding the DNA of the Toyota Production System〉。

④六標準差和精實方法廣泛用於藉由減少浪費提高經營效率。六標準差側重減少變差的可能性，精實方法側重消除非價值增加的環節。

⑤孩之寶，公司年度報告，2000年。

⑥巴斯夫，公司年度報告，2005年。

⑦基於最近透過麥肯錫的專業資料分析服務部門Quantum Black開展的客戶工作。

⑧參見〈Burberry and globalisation：A checkered story〉，《經濟學人》，2011年1月21日。

⑨參見約翰·阿斯克（John Asker）、喬安·法雷·門薩（Joan Farre Mensa）和亞歷山大·倫奎韋斯特（Alexander Ljungqvist）的文章〈Corporate investment and stock market listing：A puzzle?〉。在此項研究中，他們比較同類上市公司和非上市公司的投資行爲。這是我們所看到最好的研究之一，證實股票上市會誘發短期行爲的觀點：「我們首先發現非上市公司的投資力道要遠遠大於上市公司……其次，我們發現非上市公司的投資決策

在響應投資機會的變化方面，要比上市公司快4倍左右。」另請參見多明尼克．巴頓（Dominic Barton）的文章〈Capitalism for the long term〉。

⑩參見克里斯．布萊德利、賀睦廷和斯文．斯密特的文章〈Have you tested your strategy lately？〉。

第8章　化策略爲現實的8大轉變

①參見克里斯．布萊德利、羅韋爾．布萊恩（Lowell Bryan）和斯文．斯密特的文章〈Managing the strategy journey〉。我們已退休的同事、朋友和策略部前負責人多年來一直在推動這種更加注重過程的策略方法。

②參見羅韋爾．布萊恩的文章〈Just in time strategy for a turbulent world〉。布萊恩在文中提出「計畫組合」框架，覆蓋明顯不同的多個時間維度和熟悉程度。管理所有三個時間維度的增長理念，是麥霍德．巴亥、史蒂芬．克利（Stephen Coley）和大衛．懷特（David White）在麥肯錫的著作中提出的，詳見《企業成長煉金術》（*The Alchemy of Growth*：*Practical Insights for Building the Enduring Enterprise*）。

③參見蓋利．克萊恩（Gary Klein）的文章〈Performing a project premortem〉。

④參見福克斯（Fox）、巴爾多萊特（Bardolet）和列布（Lieb）的文章〈Partition dependence in decision analysis，managerial decision making，and consumer choice〉。

⑤參見理查・魯梅特，《好策略，壞策略》。在這部有關策略的傳世巨著中，魯梅特論述了進行眞正的診斷、關注選擇而非目標、促進選擇的協調性，以及將長期計畫分解爲可實現的接近目標的重要性。

⑥參見理查・魯梅特，《好策略，壞策略》。

國家圖書館出版品預行編目 (CIP) 資料

曲棍球桿效應：麥肯錫暢銷官方力作，企業戰勝困境的高勝算策略 / 賀睦廷 (Martin Hirt), 斯文．斯密特 (Sven Smit), 克里斯．布萊德利 (Chris Bradly) 作．-- 初版．-- 臺北市：今周刊出版社股份有限公司，2021.04

面； 公分．--（焦點系列；15)

譯自：Strategy beyond the hockey stick : people, probabilities, and big moves to beat the odds

ISBN 978-957-9054-79-9(平裝)

1. 企業策略 2. 決策管理

494.1 109021444

焦點系列 015

曲棍球桿效應

麥肯錫暢銷官方力作，企業戰勝困境的高勝算策略

Strategy Beyond the Hockey Stick : People, Probabilities, and Big Moves to Beat the Odds

作　　者 賀睦廷（Martin Hirt）、斯文・斯密特（Sven Smit）、克里斯・布萊德利（Chris Bradley）
資深主編 許訓彰
副總編輯 鍾宜君
校　　對 胡弘一、李志威、許訓彰
行銷經理 胡弘一
行銷主任 彭澤葳
封面設計 LIN
內文排版 潘大智

出 版 者 今周刊出版社股份有限公司
發 行 人 梁永煌
社　　長 謝春滿
副總經理 吳幸芳
副 總 監 陳姵蒨

地　　址 台北市中山區南京東路一段96號8樓
電　　話 886-2-2581-6196
傳　　真 886-2-2531-6438
讀者專線 886-2-2581-6196轉1
劃撥帳號 19865054
戶　　名 今周刊出版社股份有限公司
網　　址 http://www.businesstoday.com.tw

總 經 銷 大和書報股份有限公司
製版印刷 緯峰印刷股份有限公司
初版一刷 2021年4月
定　　價 360元

Strategy Beyond the Hockey Stick : People, Probabilities, and Big Moves to Beat the Odds
by Sven Smit, Martin Hirt, and Chris Bradley
Cover image : Jeremy Banks (Banx)
Cartoons : Mike Shapiro created signed cartoons and Jeremy Banks (Banx) created all others

Published by John Wiley & Sons, Inc., Hoboken, New Jersey.

Printed in Taiwan